核电厂技术岗位必读丛书

变更责任工程师岗位必读

主　编　尚宪和
副主编　汪　林　曾博文　秦博杰

哈尔滨工程大学出版社
Harbin Engineering University Press

内容简介

本教材为核电厂技术岗位必读丛书之一，通过梳理秦山核电变更管理体系，指导变更责任工程师在开展核电厂配置修改过程中，对各类风险进行有效管理；通过管理体系保证核电厂始终得到控制并符合安全基准。本教材基于永久变更管理、物项替代管理、临时变更管理、科研管理等四大业务，通过明确岗位责任，以及计划与预算、采购与验收、设计、质量控制、试验验收、投用检查与配置修改、科研成果与验收评价等业务的管理责任，指导变更责任工程师开展相关工作。

图书在版编目(CIP)数据

变更责任工程师岗位必读/尚宪和主编. —哈尔滨：哈尔滨工程大学出版社，2023.1

ISBN 978-7-5661-3765-4

Ⅰ. ①变… Ⅱ. ①尚… Ⅲ. ①核电厂-工程师-岗位培训-教材 Ⅳ. ①TM623

中国版本图书馆 CIP 数据核字(2022)第 215998 号

变更责任工程师岗位必读

BIANGENG ZEREN GONGCHENGSHI GANGWEI BIDU

选题策划 石　岭
责任编辑 宗盼盼
封面设计 李海波

出版发行 哈尔滨工程大学出版社
社　　址 哈尔滨市南岗区南通大街 145 号
邮政编码 150001
发行电话 0451-82519328
传　　真 0451-82519699
经　　销 新华书店
印　　刷 黑龙江天宇印务有限公司
开　　本 787 mm×1 092 mm　1/16
印　　张 8
字　　数 191 千字
版　　次 2023 年 1 月第 1 版
印　　次 2023 年 1 月第 1 次印刷
定　　价 68.00 元
http://www.hrbeupress.com
E-mail:heupress@hrbeu.edu.cn

核电厂技术岗位必读丛书
编　委　会

本书编委会

主　编　尚宪和

副主编　汪　林　曾博文　秦博杰

参　编　陈坚刚　彭克平　范　珉　陈　博　姚广云
岳春生　赵卫东　张　瑶　孟宪瑞　王　寅
王洪军　刘　列　谢秀娟　杨大毛

序

秦山核电是中国大陆核电的发源地,9 台机组总装机容量 666 万千瓦,年发电量约 520 亿千瓦时,是我国目前核电机组数量最多、堆型最丰富的核电基地。秦山核电并网发电三十多年来,披荆斩棘、攻坚克难、追求卓越,实现了从原型堆到百万级商用堆的跨越,完成了从商业进口到机组自主化的突破,做到了在“一带一路”上的输出引领;三十多年的建设发展,全面反映了我国核电发展的历程,也充分展现了我国核电自主发展的成果;三十多年的积累,形成了具有深厚底蕴的核安全文化,练就了一支能驾驭多堆型运行和管理的专业人才队伍,形成了一套成熟完整的安全生产运行管理体系和支持保障体系。

秦山核电“十四五”规划高质量推进“四个基地”建设,打造清洁能源示范基地、同位素生产基地、核工业大数据基地及核电人才培养基地,拓展秦山核电新的发展空间。技术领域深入学习贯彻公司“十四五”规划要求,充分挖掘各专业技术人才,组织编写了“核电厂技术岗位必读丛书”。该丛书以“规范化”“系统化”“实践化”为目标,以“人才培养”为核心,构建“隐性知识显性化,显性知识系统化”的体系框架,旨在将三十多年的宝贵经验固化传承,使人员达到运行技术支持所需的知识技能水平,同时培养人员的软实力,让员工能更快更好地适应“四个基地”建设的新要求,用集体的智慧,为实现中核集团“三位一体”奋斗目标、中国核电“两个十五年”发展目标、秦山核电“一体两翼”发展战略和“1 +1 +2 +4”发展思路贡献力量,勇做新时代核电领跑者,奋力谱写“国之光荣”崭新篇章。

秦山核电 副总经理:

前　言

本教材为核电厂技术岗位必读丛书之一，通过梳理秦山核电变更管理体系，指导变更责任工程师在开展核电厂配置修改过程中，对各类风险进行有效管理；通过管理体系保证核电厂始终得到控制并符合安全基准。本教材基于永久变更管理、物项替代管理、临时变更管理、科研管理等四大业务，通过明确岗位责任，以及计划与预算、采购与验收、设计、质量控制、试验验收、投用检查与配置修改、科研成果与验收评价等业务的管理责任，指导变更责任工程师开展相关工作。

此套核电厂技术岗位必读丛书由秦山核电副总经理尚宪和总体策划，由技术领域管理组组织落实。

本教材由汪林组织编写，其中第1章由陈坚刚、岳春生编写；第2、12章由陈博、张瑶编写；第3章由彭克平、秦博杰编写；第4、9、11、17章由曾博文、王洪军编写；第5、7章由范珉、赵卫东编写；第6章由孟宪瑞编写；第8章由王寅编写；第10、15章由姚广云编写；第13章由刘列编写；第14章由谢秀娟编写；第16章由杨大毛编写；全书由汪林统稿并完成校核。在此感谢他们的辛勤付出，因为他们，本教材才会如此出彩。

由于编者经验和水平所限，本教材尚有许多不足之处。如在使用过程中有任何建议或意见，请直接反馈给编写组，以便进一步改进与提高。

编　者

2022年9月

目　　录

第1章　核电厂配置管理概论

1.1　配置管理概念

配置管理(configuration management,CM):为确保核电厂在运行、维修和变更等活动中能够始终保持核电厂设计要求、实体配置与配置信息一致而采取的管理活动。

设计基准:核电厂构筑物、系统和设备(SSC)的特定功能,以及作为控制参数设计边界的特定数值或数值范围,通常由执照申请文件和工程设计文件限制要求。

设计要求:在设计过程中产生的技术要求,明确规定了SSC的性质、安装要求和功能要求(包括性能、容量、尺寸、限值和整定值等),每个设计要求都有设计基准作为依据。

实体配置:SSC的实际位置、布置方式及材质状况。

配置信息:为SSC相关设计要求、设计基准或其他属性提供说明、规范、报告、证明、数据或结果的记录信息,这些信息以纸质受控文件或电子媒介的形式存在,如图纸、手册、竣工文件、规程、电子信息数据库、软件等。

运行配置:在某一特定时间点,SSC的状态(如启动/停止、开启/关闭等)。实际的运行配置会根据核电厂的整体状态和工况而变化。

1.2　配置管理政策

为确保核电厂设计要求、实体配置和配置信息满足设计基准与监管要求(图1-1),全体人员须在配置管理相关活动中严格遵守以下要求:

(1)核电厂设计文件符合相应的设计基准。

(2)SSC配置满足设计文件要求。

(3)记录文件准确反映核电厂实体配置,图纸、程序、数据库及时匹配现场的变更。

(4)严格控制对核电厂设计要求、实体配置及配置信息的修改,并保证三者间的一致性。

(5)核电厂状态控制满足设计基准、技术规格书及监管要求,并维持在适当状态。

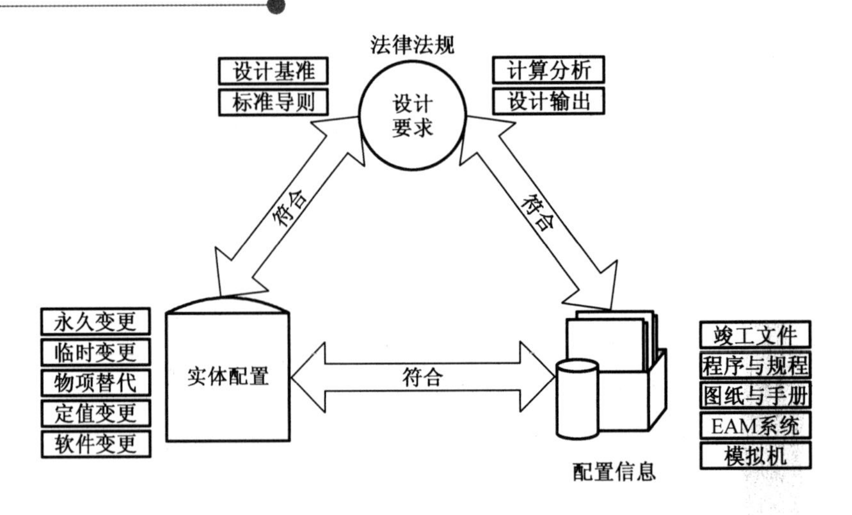

图1－1　配置管理目标图

注:EAM 系统是核电厂生产管理信息系统。

1.3　配置管理原则

核电厂对配置的变更应遵循以下原则。

(1)一致性原则:机组设计基准、设计文件、实体配置及记录信息应保持一致。相关岗位人员通过分析、评估当前机组状态和文件状态来评价配置管理大纲活动的有效性,确保机组 SSC 持续符合已批准的设计要求,并正确反映在机组规程、图纸、技术手册和培训资料中。

(2)符合性原则:机组设计文件及运行状态控制应符合相应的设计基准,机组 SSC 配置应满足设计文件要求。

(3)合规性原则:永久变更必须保证核电厂最终安全分析报告(FSAR)满足其适用的法规和标准的要求,不满足法规和标准要求的修改不得实施。影响到颁发运行许可证依据的安全重要 SSC 上发生的直接影响系统安全运行的重大修改,以及原先由国家核安全监管部门批准的执照文件的修改,必须在实施前报国家核安全监管部门审查并获批准。

(4)及时性原则:永久变更完成后应及时对图纸、程序、数据库等进行修改并使之生效,通过培训使相关岗位人员掌握已改变的配置和操作要求。

1.4 配置管理组织体系

公司技术委员会和电厂技术委员会作为特设机构统筹变更技术管理工作。

公司技术委员会负责如下内容。

(1)批准特大变更申请、特大变更可行性研究报告和特大变更初步设计方案。

(2)指定特大变更项目的变更技术责任处室。

电厂技术委员会负责如下内容。

(1)批准一般变更申请和重大变更申请,审查特大变更申请。

(2)批准重大变更可行性研究报告和初步设计方案。

(3)审查特大变更可行性研究报告和特大变更初步设计方案,批准特大变更详细设计方案。

(4)指定一般和重大变更项目的变更技术责任处室。

1.5 配置管理要素

1.5.1 实体配置管理

由于实体配置老化、过时、断供等原因,核电厂实体配置的可靠性发生劣化或无法满足设计要求,使核电厂的安全稳定运行受到挑战,而解决这些问题的有效手段就是对实体配置进行变更。由于实体配置的多样性和复杂性,相关岗位人员须对变更进行分类管控,并明确具体的管理要求和流程,以保证变更工作的有序开展。

1. 永久变更

详见第3章。

2. 物项替代(IE)

详见第4章。

3. 临时变更

详见第12章。

4. 定值变更

定值手册或定值数据库的修改须通过变更流程实施。定值变更须经过严格的审查。对于电网调度要求所产生的临时定值变更或永久定值变更,相关部门在收到涉及电网定值变更的通知后,必须按照临时变更或永久变更流程提出定值变更申请,完成变更审批后实施定值变更。

5. 软件变更

核电厂应规范工艺系统专用计算机系统软件变更管理流程，加强软件变更管理，对方案的审查和实施环节做到充分、有效的把关及验证，明确软件变更过程中的职责、接口关系、管理要求和版本管理。

1.5.2 配置信息管理

配置信息是反映核电厂实体配置最直接的方式，是核电厂员工获得核电厂当前配置状态的最直接的手段。因此保持核电厂配置信息与实体配置的一致是配置管理活动的主要内容之一，其过程应受到严格控制。针对不同类型的配置信息应制定有效的管理办法，以确保配置信息真实有效，并保持在最新状态。

对于竣工文件、程序与规程、图纸与手册等纸质形式的技术文件，应规定技术文件体系的分层、分类、分级管理原则，建立技术文件总体管理和编制规则，明确技术文件体系建设的组织方式、管理流程和有效性控制要求，实现技术文件体系的规范化和标准化。

电子系统中的设备编码、设备名称、设备分级等数据是设备的核心基础数据，具有唯一性和权威性。相关技术文件、标识标牌、软件程序等中的设备数据与电子系统中的设备数据要保持一致。

1.5.3 其他管理要素

1. 变更中长期规划管理

为规范中长期永久变更（主要包括重大/特大变更）活动，保证永久变更活动得到事前有效控制，提高公司整体经营管理水平，需要制定三年/五年中长期变更规划。

2. 十大技术问题管理

对于运行裕量受到影响后所产生的影响机组安全运行和发电效益的技术问题，应建立技术项目管理体系，明确问题处理的职责分工和管理流程，规范技术问题验证及评估流程。

1.6 配置管理框图

配置管理框图如图 1－2 所示。

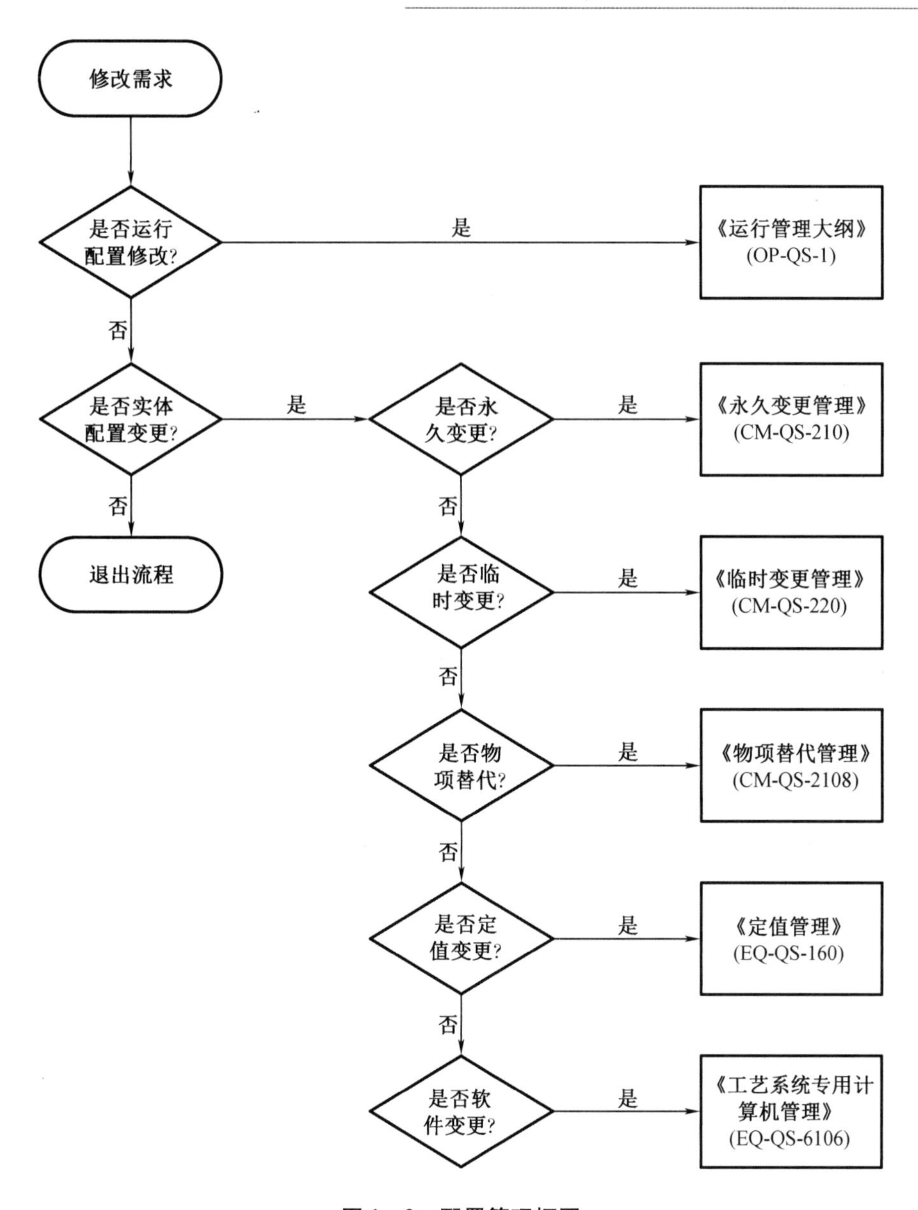

图1-2 配置管理框图

1.7 管理程序框图

管理程序框图如图1-3所示。

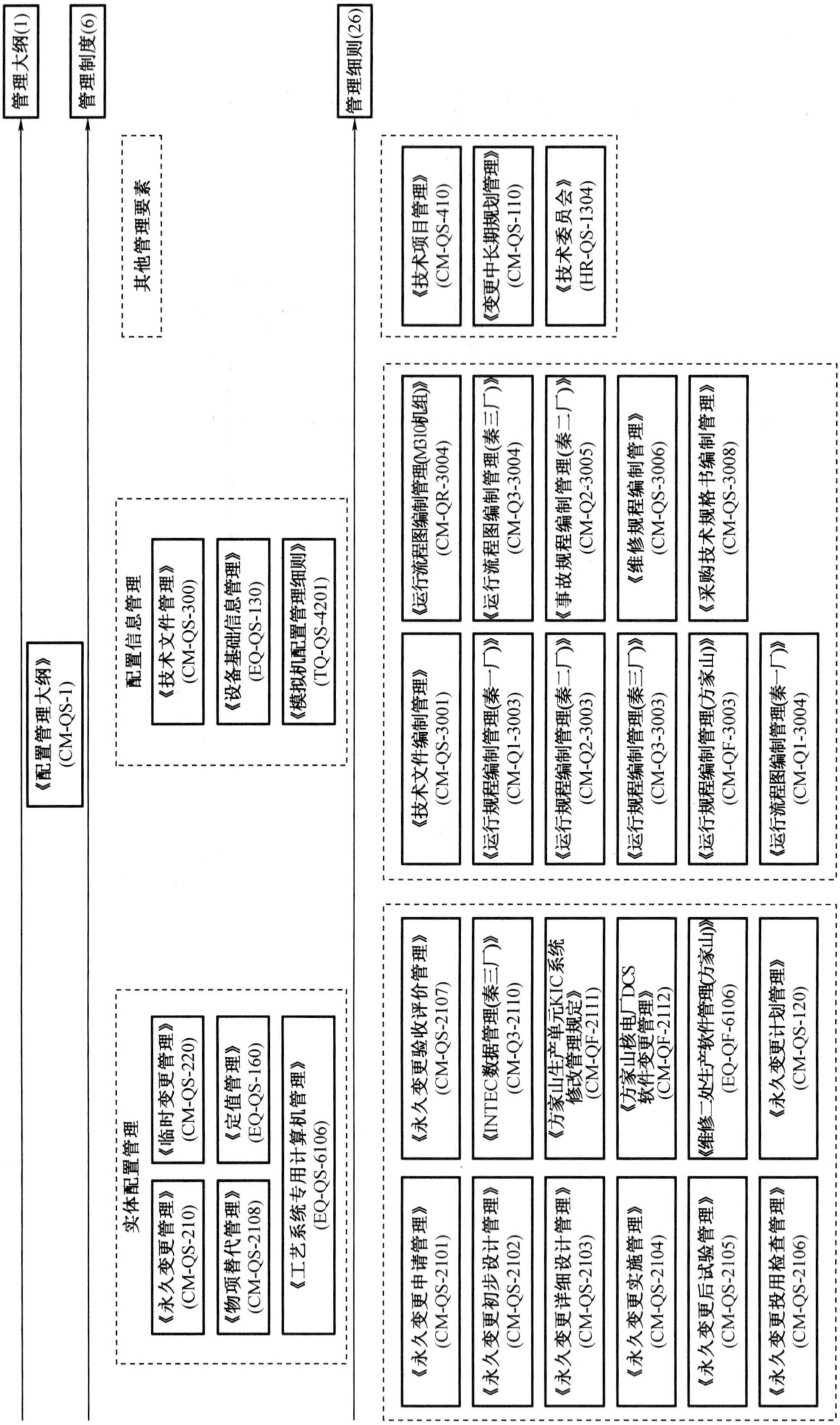

管理大纲(1)
《配置管理大纲》(CM-QS-1)
管理制度(6)
实体配置管理
《永久变更管理》(CM-QS-210)
《临时变更管理》(CM-QS-220)
《物项替代管理》(CM-QS-2108)
《定值管理》(EQ-QS-160)
《工艺系统专用计算机管理》(EQ-QS-6106)
配置信息管理
《技术文件管理》(CM-QS-300)
《设备基础信息管理》(EQ-QS-130)
《模拟机配置管理细则》(TQ-QS-4201)
其他管理要素
管理细则(26)
《永久变更申请管理》(CM-QS-2101)
《永久变更验收评价管理》(CM-QS-2107)
《永久变更初步设计管理》(CM-QS-2102)
《INTEC数据管理(秦三厂)》(CM-Q3-2110)
《永久变更详细设计管理》(CM-QS-2103)
《方家山生产单元KIC系统修改管理规定》(CM-QF-2111)
《永久变更实施管理》(CM-QS-2104)
《方家山核电厂DCS软件变更管理》(CM-QF-2112)
《永久变更后试验管理》(CM-QS-2105)
《维修二处生产软件管理(方家山)》(EQ-QF-6106)
《永久变更投用检查管理》(CM-QS-2106)
《永久变更计划管理》(CM-QS-120)
《技术文件编制管理》(CM-QS-3001)
《运行流程图编制管理(M310机组)》(CM-QR-3004)
《运行规程编制管理(秦一厂)》(CM-Q1-3003)
《运行流程图编制管理(秦三厂)》(CM-Q3-3004)
《运行规程编制管理(秦二厂)》(CM-Q2-3003)
《事故规程编制管理(秦二厂)》(CM-Q2-3005)
《运行规程编制管理(秦三厂)》(CM-Q3-3003)
《维修规程编制管理》(CM-QS-3006)
《运行规程编制管理(方家山)》(CM-QF-3003)
《采购技术规格书编制管理》(CM-QS-3008)
《运行流程图编制管理(秦一厂)》(CM-Q1-3004)
《技术项目管理》(CM-QS-410)
《变更中长期规划管理》(CM-QS-110)
《技术委员会》(HR-QS-1304)

图1－3　管理程序框图

第 2 章　变更责任工程师定义及岗位职责

变更申请在批准同意后按照项目制进行管理，变更项目的负责人即为变更责任工程师，从项目安全、质量、计划、投资等方面，对变更项目的计划与预算、设计、采购立项与执行、施工、报审、配置信息修改、投用检查与验收评价等各个阶段进行总体归口管理。

2.1　变更责任工程师定义

2.1.1　变更责任工程师

变更责任工程师应是具备相关专业背景、有项目管理经验、熟悉生产管理系统的技术负责人，负责永久变更全流程控制，并协助变更施工负责人完成变更现场实施。物项替代的变更责任工程师通常为该设备的设备工程师。

2.1.2　临时变更责任工程师

临时变更责任工程师应是具备相关专业背景、有项目管理经验、熟悉生产管理系统的技术负责人，负责临时变更全流程控制，并协助临时变更施工负责人完成临时变更现场安装和拆除。

2.1.3　变更责任工程师须经过培训授权

为保证变更质量，在分派变更前，技术责任处室须综合考虑变更重要程度与变更责任工程师业务能力的匹配度。

1. 变更责任工程师资质要求（核电厂员工）（表 2－1）

表 2－1　变更责任工程师资质要求（核电厂员工）

员工职级	一般变更	重大变更	特大变更
入门级	可承担	—	—
专业级	可承担	可承担	—
主管级	可承担	可承担	可承担

2. 变更责任工程师资质要求（人力支持项目人员）

变更责任工程师（人力支持项目人员）可承担一般变更，控制承担重大变更，禁止承担特大变更。作为变更责任工程师,人力支持项目人员履行相应技术职责,如技术文件编写等。

2.2　变更责任工程师岗位职责

2.2.1　永久变更

永久变更责任工程师承担的主要职责如下。

(1)在变更申请经电厂技术委员会专业小组审查通过后,负责编制可行性研究报告。

(2)在变更项目创建后,完成项目计划节点制定,并按照计划推进项目的各项工作。如需计划调整,则填写项目计划调整审批表。在系统的补充信息中维护更新相关信息(含全流程各阶段信息)。

(3)评估变更项目是否需要申请预算,如需要,则进行变更项目的预算申报,并对投资执行进行控制。预算通常包括设计外委、物项采购、施工外委等三类。

(4)负责变更项目的设计文件的编制,包括初步设计方案、详细设计方案及其他项目技术文件(如方案修改单等)。如需设计外部支持,依据所需费用填写外委设计和技术服务询价单或编写设计外委服务技术规格书,提出设计外委立项申请。参与技术服务采购技术谈判工作,负责技术澄清和支持,参与设计成果验收。

(5)组织相关职能部门、项目组对设计文件进行审查和识别,并落实审查会签意见,包括机组运行影响相关、设备安装与维修影响相关、维修规则影响相关、最终安全分析报告等执照文件影响相关、核安全申报相关、环境影响相关、辐射安全影响相关、消防相关、模拟机影响相关等。

(6)涉及上级或相关单位监管的项目,如核安全相关改造项目、电网相关改造项目等,永久变更责任工程师负责编制相关的许可申请文件及实施评价文件(如安全重要修改评价报告等)。

(7)永久变更项目使用的设备材料等物项需求(主要包括使用在系统中的物项,如管道、支架、槽钢等),通过核库等形式确认是否需要新增采购。如需采购,编制物项采购规格书等采购技术文件,提出物项采购立项申请,参与采购技术谈判工作,负责技术澄清和支持,参与物项到货验收。

(8)负责编制变更后试验程序,组织编制永久变更后试验调试规程。

(9)完成变更项目引起的生产文件及设备备件信息的修改,包括发起运行文件修改通知单、编制技术文件修改通知单、编制最终安全分析报告修改单、模拟机修改。根据发布的运行/技术文件修改通知单,在系统受影响文件修改模块中引用受影响文件,并通知修改人创建小版及完成小版编制审批(如需)。

(10)组织召开技术交底会并编制技术交底单。

(11)在系统中创建变更工单并通知施工负责人根据变更工作内容,对工单进行拆分,参加开工条件检查。

（12）负责项目实施中的质量控制（QC）工作，组织协调施工负责人完成变更质量计划的审查、选点和现场见证，参与变更后试验。

（13）组织变更的投用检查，负责变更相关物项的固定资产申报和报废申请等。

（14）组织变更后的验收评价，组织变更项目工作包的移交与审查，编制变更项目验收关闭包，并发起审批生效流程。在系统中打印关闭包，附上完工文件，移交变更部门归档。

2.2.2　物项替代

物项替代项目责任工程师承担的主要职责如下。

（1）提出物项替代申请审批报告。

（2）完成物项替代项目计划节点制定，如需计划调整，则填写项目计划调整审批表。在系统的补充信息中维护更新物项替代项目相关信息（含全流程各阶段信息）。

（3）通过核库等形式确认是否需要新增采购，如需采购，完成物项替代项目预算申报，编制物项采购技术文件，并提出立项申请进行物项采购，并负责采购过程的技术支持。

（4）编制运行文件修改通知单，编制技术文件修改通知单，根据发布的运行/技术文件修改通知单，在系统受影响文件修改模块中引用受影响文件，并通知修改人创建小版及完成小版编制审批（如需）。

（5）编制物项替代离线试验方案或在线试验方案。

（6）在系统中创建变更工单，并通知施工负责人根据物项替代工作内容对工单进行拆分。

（7）组织替代物项实施前后的离线、在线试验验证，依据试验结果，编制物项替代离线、在线验证试验报告。

（8）组织协调施工负责人完成变更质量计划的审查、选点和现场见证。

（9）完成物项替代项目引起的生产文件及设备备件信息的修改，对相关库存备件进行评估处置。

（10）组织物项替代实施后的投用检查。

（11）组织物项替代工作包的移交与审查，编制物项替代验收关闭包，并发起审批生效流程。在系统中打印关闭包，附上完工文件，移交变更部门归档。

2.2.3　临时变更

临时变更项目责任工程师承担的主要职责如下。

（1）负责临时变更的设计和技术支持工作。

（2）在系统中创建临时变更项目，在系统的补充信息中维护更新临时变更相关信息（含全流程各阶段信息）。

（3）负责编制和审查临时变更设计方案。

（4）通知运行责任处室工程师编制临时运行文件。

（5）负责组织完成临时变更定期审查。

（6）负责组织临时变更实施后验收和拆除后验收，创建实施及拆除工单并通知施工负责人对工单进行拆分。

(7)负责提出临时变更的延期申请。

(8)创建临时变更转永久变更流程,并承担永久变更的责任工程师职责。

(9)审核临时变更关闭,并在收集实施部门提交的完工包后,负责收集临时变更相关文件和记录。在系统中打印关闭包,附上完工文件,提交变更部门审查。

第3章　永久变更流程

3.1　永久变更的目的和来源

核电站在其长达数十年的寿期内,为保证安全、经济、可靠运行,需要持续地对系统或设备等进行改进提升。为此,核电站通常会从设计改进、设备可靠性提升、停产断供设备的替换、新法律法规/规范标准强制性要求的适应性改造等方面,对 SSC 开展永久变更类工作,以保证核电站在整个寿期内实体配置、设计基准及技术文件三者之间的一致性。

3.2　永久变更相关概念

(1)SSC:核电厂生产相关的工艺系统、构筑物及设备/部件/材料。如核电站计算机软件、全范围模拟机、工艺厂房内的电话、通信及广播、非工艺厂房内的核应急相关在线设备等属于 SSC 范围。

(2)永久变更申请:对 SSC 提出永久变更建议。

(3)永久变更:对 SSC 所做的实体或功能上的永久性改变,这种改变导致修改已经批准的技术文件。已批准的技术文件包括但不限于:设计手册、安装图纸、总体布置图、流程图和管线布置图、设备运行与维修手册、最终安全分析报告等文件。

(4)永久变更项目实施优先级。

- 优先 0 级:主要为机组十大缺陷、运行决策、十大技术问题等直接影响机组安全稳定运行的项目以及电厂技术委员会认为需要优先实施的项目。
- 优先 1 级:除优先 0 级之外的项目。

(5)永久变更项目的重要性分级:

- 特大变更:金额超过(含)1 000 万元的永久变更;涉及修改设计基准的永久变更。
- 重大变更:金额超过(含)100 万元且少于 1 000 万元的永久变更;涉及核安全监管内容的永久变更;涉及电网调度的永久变更;影响关键敏感(SPV)设备功能的永久变更。
- 一般变更:除重大变更、特大变更之外的变更。

(6)SPV 设备相关变更:直接影响 SPV 设备的功能,或新增 SPV 设备的永久变更。

(7)变更项目组:为了更好地完成跨专业的、重要性高(特大变更必须成立)的变更项目,把不同专业、不同部门人员汇集在一起的组织形式。

(8)变更技术责任处室:由技术委员会指定的承担变更技术职责的处室。如技术一处、技术二处、技术三处、技术四处、工程管理处、燃料操作处等。

(9)变更实施责任处室:按照维修分工承担变更实施职责的处室。如维修一处、维修二处、维修三处、维修四处、维修五处、维修支持处等。

(10)可行性研究报告:根据变更申请报告,从经济、技术、施工、运行等方面进行具体调查、分析,确定有利因素和不利因素,分析项目是否可行,评估经济效益和社会效益,为决策者审查提供依据的文件。

(11)初步设计方案:依据可行性研究报告,对变更范围内 SSC 的主要设计参数、工艺流程、厂房布置、试验项目与验收要求等开展设计,形成的初步技术方案。

(12)详细设计方案:依据初步设计方案,对变更范围内 SSC 的具体功能、布置定位尺寸、施工要求、试验方法等开展设计,对变更相关 SSC 开展评估,明确影响的设备清单以及施工文件、调试文件、验收文件的准备要求,形成的详细技术方案。

(13)变更物项:变更项目实施通常需要物项,包括设备材料、维修耗材等。主要指安装后留存在系统中的物项,如管道、支架、槽钢等,纳入 SSC 管理。

(14)永久变更后试验:指变更现场施工完成后,为了验证系统、设备的安装(包括拆除)质量,以及变更后是否能满足变更预期功能要求而进行的各种有计划的技术状态检查、参数核对和性能证实活动。变更后试验可以对鉴定对象进行操作来直接验证,也可以根据技术要求对鉴定对象进行测量、检查、核对记录等。

(15)永久变更后试验程序:用于确定变更后试验项目、实施方法、验收标准、鉴定记录等内容的技术文件。

(16)投用检查:永久变更项目现场实施完成以后,在投用前对其功能(部分或全部)和可投用的条件进行确认。

(17)验收评价:对某一项永久变更的项目管理过程和实施效果进行全面评价并形成结论的活动。

3.3 永久变更管理要求

3.3.1 永久变更业务管理总体要求

(1)永久变更业务管理总体分为永久变更申请、可行性研究、项目实施、项目验收评价与关闭等环节,各环节按照先后顺序稳步推进。相应环节需编制的变更文件有变更申请报告、可行性研究报告、初步设计方案、详细设计方案、采购技术规格书、施工方案、试验方案、验收关闭包等,经编写、校核、审核、会签、批准后发布生效,方可执行。图 3－1 为典型永久变更业务管理流程框图。

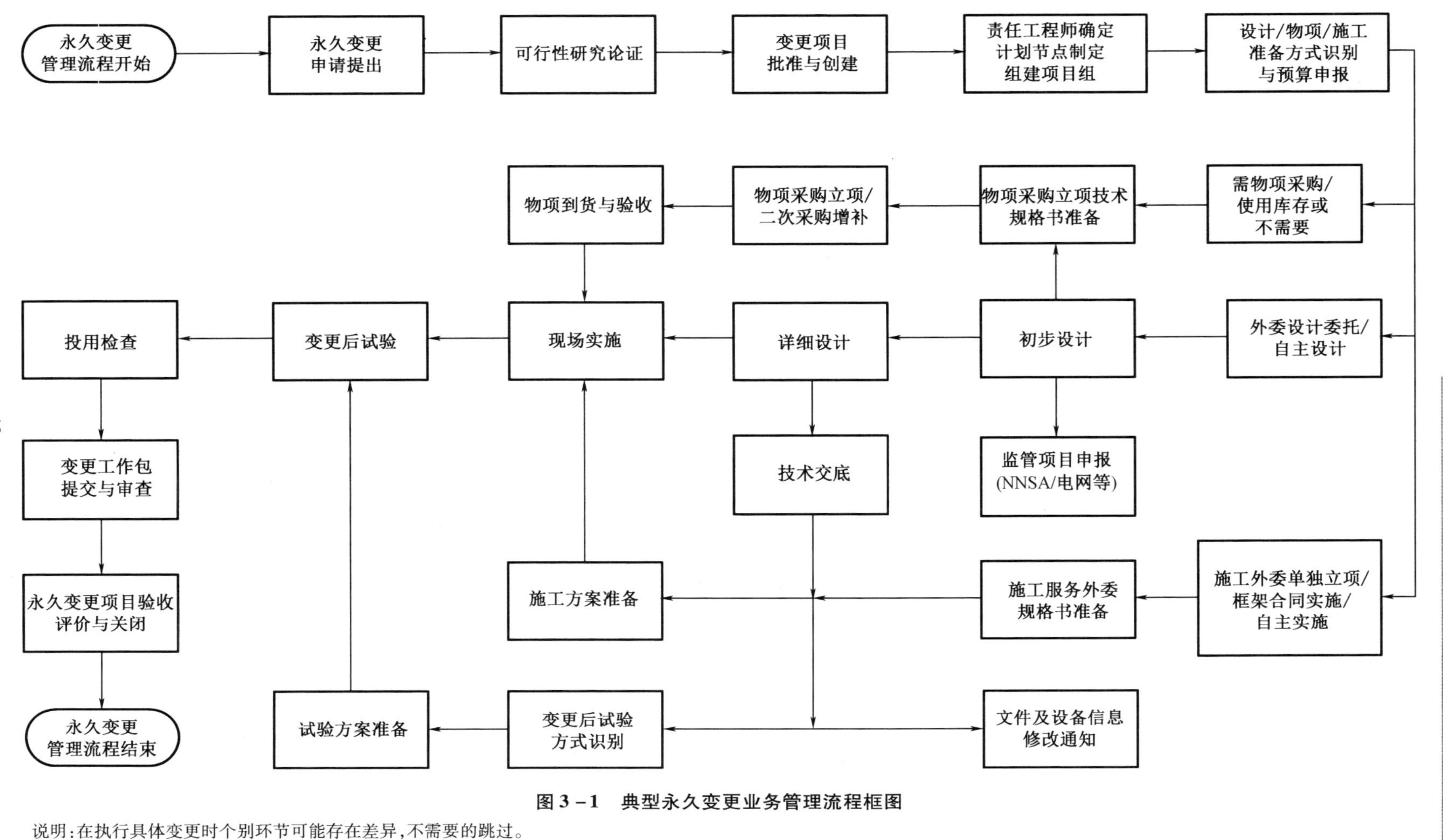

图3-1 典型永久变更业务管理流程框图

说明:在执行具体变更时个别环节可能存在差异,不需要的跳过。

永久变更流程各环节说明见表3－1。

表3－1　永久变更流程各环节说明

序号	阶段名称	环节名称及管理要求
1	永久变更申请	永久变更申请提出环节，相关要求见本章3.3.2节说明，以及《永久变更申请管理》（CM－QS－2101）
2	可行性研究论证	可行性研究论证环节，相关要求见本章3.3.3节，以及《永久变更可行性研究管理》（CM－QS－2109）
3	变更项目组、计划与预算	（1）变更项目批准与创建相关要求见本章3.3.4节。 （2）责任工程师确定，见本章3.3.4节。 （3）项目计划制定相关要求见本章3.3.4节、第5章及《永久变更计划管理》（CM－QS－120）。 （4）项目组组建相关要求见本章3.3.4节。 （5）设计/物项/施工准备方式识别与预算申报相关要求见本章3.3.4节及第5章
4	实施准备－设计部分	（1）变更设计总体要求见本章3.3.5节。 （2）初步设计相关要求见本章3.3.5节，以及《永久变更初步设计管理》（CM－QS－2102）。 （3）详细设计相关要求见本章3.3.5节，以及《永久变更详细设计管理》（CM－QS－2103）。 （4）技术交底相关要求见本章3.3.5节
5	实施准备－监管申报部分	监管项目申报相关要求见本章3.3.6节
6	实施准备－物项部分	变更物项采购与验收相关要求见本章3.3.7节及第7章
7	实施准备－施工部分	（1）施工外委规格书编制相关管理要求见本章3.3.8节。 （2）施工方案准备相关管理要求见本章3.3.8节
8	实施准备－配置一致性部分	文件及设备信息修改相关要求见本章3.3.9节及第10章
9	现场实施	现场实施相关要求见本章3.3.10节
10	变更后试验	变更后试验相关要求见第9章
11	投用检查	投用检查管理见第11章
12	验收评价与关闭	验收评价与关闭见第11章

（2）永久变更必须保证核电厂最终安全分析报告满足适用的法规和标准的要求，不满足法规和标准要求的修改不得实施。涉及核电厂配置的永久变更，都不得降低执行全部安全功能的能力，不得降低原有安全水平。

（3）核电厂设计基准、设计文件、实体配置及记录信息应保持一致，永久变更完成后应及时对图纸、程序、数据库进行修改生效，并通过培训使相关岗位人员掌握已改变的配置和操作要求。

（4）永久变更实施前应充分分析永久变更的影响范围，将永久变更带来的负面影响和风险控制在可接受的范围内。永久变更尽量不增加 SPV 设备，为 SPV 脱敏的变更应优先考虑。须加强 SPV 设备相关变更各环节的风险识别和管控，设计应保证足够安全裕度。

（5）首次在现场进行的永久变更纳入应用型科研项目（科研二类项目）管理，须在变更管理系统中做好属性标识，除遵循本程序规定，还须执行《科研项目管理》（TR－QS－210）的相关要求。

3.3.2 永久变更申请管理

（1）核电厂员工均可提出永久变更申请，对核电厂的配置提出修改、优化建议。

通常基于下面的理由提出永久变更申请。

• 提升机组安全性

（a）提高机组设备的核安全、工业安全或改善环境的变更要求。

（b）缓解 SPV 设备风险的变更申请。

（c）设计错误纠正或设计改进。

• 提高机组可靠性

（a）根本原因清楚的系统或设备设计问题，通过正常维修无法解决。

（b）外部经验反馈。

（c）新工艺、新技术、新设备、新材料的应用。

• 提高机组经济性

（a）提高机组可用率的变更要求。

（b）缩短大修工期的变更要求。

（c）降低生产成本。

• 监管部门或上级要求

（a）现有状态不满足法规、规范、标准的变更要求，监管部门或上级要求对新的法规、标准颁布后的执行。

（b）节能减排需要。

• 便于生产及其他要求

（a）方便运行或方便维修的变更要求。

（b）维修和运行的可达性需要。

（c）临时变更转化为永久变更。

（d）其他需要变更的。

（2）提出申请时应填写变更申请报告，变更申请报告是现场开展变更改造项目的建议方案文件，是决策开展可行性研究的依据。

（3）变更申请报告须客观描述现场实际情况，应包含业务现状、变更必要性、变更初步想法、费用估算等。业务现状应说明目前业务实际情况、存在风险、已采取的措施及目前措施的风险；变更必要性应基于目前机组存在的风险开展阐述、说明；变更初步想法应明确变更范围、变更初步改造方向、对机组影响、期望达到的效果及初步费用估算等内容。变更申请报告应同步评估知识产权相关管理及风险。

(4)变更申请报告应说明建议实施改造的生产单元机组，对SPV相关、专业、来源、建议优先级、关联设备清单等开展初步识别。

(5)变更申请处室原则上应召集设备管理、运行、维修等部门相关人员充分讨论后再提出变更申请报告。变更申请报告由申请处室批准，是电厂技术委员会决策是否开展可行性研究的依据。

(6)变更申请由电厂技术委员会专业组进行集中审查。变更申请的审查应在原设计基准和设计要求的前提下开展，应综合考虑变更的必要性、可行性、安全性、费用估算。涉及SPV设备相关的变更申请，应重点审查变更必要性，原则上不应新增SPV点。专业组审查过程中须识别出涉及跨专业的变更申请，由各专业审查组分别给出审查意见。专业组重点对业务现状进行审查，必要时应要求变更申请处室补充业务情况，并基于业务现状给出开展可行性研究的建议。

(7)电厂技术委员会应基于专业组审查建议，评估变更必要性，决策开展可行性研究的申请，并明确可行性研究的牵头部门、配合部门及专业等，同步批准可行性研究的预算费用。

(8)永久变更申请经电厂技术委员会审查批准后，指定责任处室开展永久变更项目可行性研究，同步批准开展可行性研究需要的预算费用。电厂技术委员会审查后认为变更申请是不必要的，形成不同意变更结论的，变更申请关闭。

3.3.3 永久变更可行性研究管理

(1)可行性研究是变更项目详细技术论证过程，是电厂技术委员会决策是否进入实施阶段的决策依据。可行性研究报告应基于变更申请评估改造范围，特别是其他相同机组是否同样存在改造需求，包括现存风险、变更风险，明确方案技术路线、改造后的效果及预期等内容进行研究。

(2)变更项目属于单专业内容且预估金额低于50万元项目，经电厂技术委员会批准，允许使用变更申请替代可行性研究报告，其余项目必须开展可行性研究。根据永久变更的不同类型，选用不同的可行性研究报告模板。符合一般变更的申请使用一般可行性研究报告模板，符合重大、特大的变更申请，使用重大项目可行性研究报告模板。超过3 000万元的特大变更按照《固定资产投资项目申报与审批管理》(IN－QS－350)要求开展。

(3)可行性研究报告编制和审批人员资质应符合《技术文件管理》(CM－QS－300)的要求。

(4)可行性研究报告应从变更项目的技术可行性、施工可行性、项目风险、成本及收益、项目计划、项目实施保障等方面开展客观、准确的论证分析，并最终给出可行性分析的结论。

(5)技术可行性分析时，设计方案部分须给出现场可实施的技术路线方案。同时应关注技术路线的成熟性、先进性、设备及材料的可靠性等。技术风险分析时须对变更项目实施的影响进行风险识别分析，主要包括设备变更后风险、内外部风险、环境风险、消防风险、辐射防护职业卫生风险、对机组系统功能影响风险、安全功能影响、法规要求、环境、机组现有的水/电/气/汽等能耗及风险应对方案。实施风险分析时，应对变更后本体设备及周边设备的维修可达性、运行操作可达性及现场工业安全风险进行精准分析，确保变更后设备可操作与维护。如涉及 SPV 设备，应按照关键敏感设备管理程序规定的要求进行分析评估。

(6)成本/效益经济性分析部分主要对费用及社会效益进行分析，应进行概算说明，包括费用情况，如设计费用、施工费用、设备及材料的采购费用等。应基于经济型模型开展经济性分析评价。

(7)项目总体进度计划部分，应明确项目的建议实施窗口及预计实施计划，包括项目主要计划、阶段目标和时间节点，如设计完成时间、物项采购时间、建议实施时间等。

(8)项目实施保障部分，应按照项目特点给出项目组建议，人员组成应基于变更项目开展所需的专业、部门等明确岗位需求，如(机/电/仪)设备工程师、维修工程师、运行技术工程师、采购工程师、变更计划管理工程师等。

(9)变更预期成果应进行初步规划说明，包括拟编写或申请的论文、专利、奖项等。

(10)可行性研究报告由责任处室进行内部审核，提交电厂技术委员会专业组进行集中审核后，提交电厂技术委员会决策。一般、重大项目由电厂技术委员会决策，特大项目由公司技术委员会审批决策。

(11)电厂/公司技术委员会应基于专业组审查建议对可行性研究报告进行审查，决策是否需要第三方独立审查(原则上特大变更应开展第三方独立审查)。电厂/公司技术委员会审批结论认为项目可行的，在 EAM 系统的变更管理平台创建变更项目，同步批准变更分级、变更类型、变更预算、变更项目组织机构、变更计划等，指定变更技术责任部门，项目进入实施阶段。审批结论认为项目不可行的，退回申请人关闭变更申请。

3.3.4 永久变更策划——项目组织、计划及预算管理

(1)永久变更申请/可行性研究经技术委员会决策同意后，责任处室确定变更责任工程师。

(2)变更责任工程师根据可行性研究报告中的项目组及参与部门的专业要求，及时明确人员，成立项目组。变更项目组成员至少包含且资质不低于表 3-2 所示人员。

表 3-2　变更项目组成员

变更专业	单专业	跨专业
项目组	变更责任工程师及(副)科长; 变更实施责任处室人员; 运行处室人员	变更责任工程师; 相关专业的技术责任工程师或(副)科长; 变更实施责任处室人员; 运行处室人员
项目领导小组	变更技术责任处室主任工程师或(副)处长; 变更实施责任处室主任工程师或(副)处长; 运行处室主任或(副)处长	相关专业的技术责任处室主任工程师或(副)处长; 变更实施责任处室主任工程师或(副)处长; 运行处室主任或(副)处长

变更项目领导小组组长人员要求见表 3-3。

表 3-3　变更项目领导小组组长人员要求

变更类型	人员要求
一般变更	变更技术责任处室(副)处长
重大变更	变更技术责任处室处长或电厂技术委员会(副)主任
特大变更	电厂技术委员会主任或公司领导

(3)变更项目应制定实施计划节点,按照电厂技术委员会批准的实施窗口,参照可行性研究报告制定实施各环节计划节点,具体要求详见第5章及《永久变更计划管理》(CM-QS-120)。按照初步设计方案编制、国家核安全局(NNSA)批准实施、变更物项采购、详细设计方案编制、技术交底、施工方案编制、现场实施、变更后试验与投用检查等环节(原则上)有序推进。项目组成员负责各环节的协助、审查、审核及批准等。

(4)变更责任工程师组织项目组成员识别设计、物项、施工等主要环节的准备方式。如变更项目的设计是自主设计(简单变更),还是外委设计(复杂变更);变更所需物项库存是否满足要求,是否需要采购;施工方式的确认等。按照识别情况,组织申报变更所需费用预算(具体要求见第5章)。

3.3.5　永久变更实施准备管理(设计部分)

(1)变更项目设计包括初步设计、详细设计及设计变更。原则上一般变更需要编制详细设计方案,重大、特大变更需要编制初步设计和详细设计方案。

(2)变更项目设计根据变更项目实际情况确定设计方式。通常相对简单的变更,项目组具备设计能力的,采用自主设计的方式;相对复杂的变更,需要外部具备设计资质单位技术支持的,可采用设计外委的形式。设计外委包括框架合同和单签合同两类,具体管理要求见第6章。由外部设计单位提供的技术文件,须将外部设计文件作为附件,按照管理要求进行转化和审批。

（3）在条件允许的情况下，永久变更涉及安全重要 SSC 的，原则上须按照最新设计规范及最新法规来进行设计，设计方案的设计标准按照最新的规范执行。设计规范和标准必须确定其适用性、恰当性和充分性，保证初步设计方案满足所需安全功能。

（4）在设计时参考的法规和标准应遵循相应的环境与职业健康安全的法律法规，设计方案应符合环境和职业健康安全要求。

（5）改变安全重要的 SSC 原有设计功能或设计意图，原则上由原设计单位或证明具有相同设计资质的单位进行设计或确认。

（6）对于在主控室、辅助控制室等处开展的涉及人机接口的变更，在变更设计时使用人因工程提供的方法和指导。具体见核安全导则《核动力厂人因工程设计》（HAD 102/21－2021）。

（7）对于涉及辅助系统和支持系统（如服务用水、压缩空气、供暖通风与空调等）的变更，在变更设计时可参考《核动力厂辅助系统和支持系统设计》（HAD 102/22－2022）核安全导则的相关要求。

（8）安全功能的评估与论证可通过设计验证和试验来完成，设计验证和试验是审查、确认或证实设计的过程。设计验证的人员必须是未参与原设计的人员或小组人员，可以与设计者是同一单位的人员。设计验证可采用多种方法，如设计审查、交替计算或鉴定试验、校核核安全相关的文件（如图纸、技术条件和计算书等）。应关注知识产权（专利、著作权、商密、专利、著作权等）影响，并按照保密管理要求签署保密协议。

（9）对 SPV 设备进行变更时，选取参数和验收准则须采取保守决策，保留足够的安全裕量，须对初步设计审批等环节进行风险识别和管控，如涉及 SPV 设备，特别是新增 SPV 设备，应依据《关键敏感设备管理》（EQ－QS－120）的规定和要求执行。

（10）初步设计用于确定永久变更项目的初步技术方案，须根据已批准的可行性研究报告编制，初步设计范围不可超出可行性研究报告范围。不涉及主设备物项采购的永久变更项目，经电厂技术委员会批准，可使用可行性研究报告代替初步设计方案。

（11）初步设计方案由项目组负责技术方案的编制、校核，生产技术委员会负责审查与批准。初步设计方案的编写、校对、审核、会签和批准人员的最低资格要求，依据《技术文件管理》（CM－QS－300）的规定和要求执行。

（12）初步设计方案主要内容包括现场技术条件、拟解决的实际问题、遵循的法规和标准。初步设计方案应描述变更项目的设备或系统的主要设计参数和工艺流程，以及项目的主体设备、厂房布置和系统的基本参数等要求，建立永久变更的主体轮廓和基本设置。同时，初步设计方案应给出技术要求、安全要求、试验验收要求及其他要求等。

（13）在初步设计阶段，须进行安全评价，评估变更对电厂安全的直接或潜在的影响，评估对最终安全分析报告、技术规范、运行总则的影响。应确定永久变更项目是否需 NNSA 审批，具体按照《核设施安全许可证管理》（NS－QS－110）的规定和要求执行。相关执照文件维护责任处室负责在“会签设计方案”时判断变更项目是否影响到各类执照文件。应明确是否涉及最终安全分析报告的修改。

(14)初步设计方案中对设备材料的选型,应与公司现有系统中已经成熟使用的设备、材料型号尽可能一致,以降低采购、维修、设备管理等各方面成本,以保证设备的可靠性。

(15)电厂生产技术委员会决策是否对初步设计方案开展第三方独立审查,原则上特大变更须开展第三方独立审查。

(16)初步设计阶段如发生技术条件调整修改,则应发起方案升版流程。

(17)详细设计范围不可超出初步设计方案范围,是对初步设计的细化,其设计深度应给现场实施以明确的技术输入,相关人员应收集相关技术文件和生产技术文件,并到现场进行详细的勘察、测绘、核实,以保证详细设计的准确性、合理性和可实施性。

(18)详细设计主要内容包括设计范围和目的、设计基准和基本要求、人因工程、抗震、安全与环境分析。设计说明部分,应对方案进行详细描述,包括提供相关文件、图纸作为方案的附件,施工事项的说明,与初步设计一致性的说明,同型机组需求评估,可维修性、可操作性及工业安全评估,对运行方式和检修方式的评估、变更风险评估及缓解措施,辅助专业支持评估清单,变更所需物资清单及涉及的设备清单等。

(19)涉及多专业的项目,详细设计方案须分别说明各专业的具体设计要求,明确相关的设计院和设备厂家的文件、图纸。需要其他相关专业支持的部分,由编写人向相关专业提出专业支持要求,由相关专业工程师负责完成专业分册,由编写人汇总并提交审查和批准。

(20)详细设计方案中应明确二次转化设计的总体要求和范围。实施部门根据现场情况,在施工方案中予以明确。通常详细设计方案不对具体施工要求、方式等进行描述。

(21)变更设计时应先核实库存备件,在详细设计方案中应明确所需物资清单及其来源,对变更后的物资应给出处置方案,包括现场拆除设备物项、原设备物项的库存备件的处置,如涉及固定资产处置,则按照固定资产管理相关要求执行。

(22)在详细设计文件编制完成、提交审批前,详细设计编写人应召开设计审查会,召集详细设计校对人、审核人、施工负责人、相关运行工程师和相关专业人员对设计方案进行审查,对照设计审查表进行逐项核实、审查。

(23)详细设计的编写、校对、审核、会签和批准人员的最低资格要求,依据《技术文件管理》(CM-QS-300)的规定和要求执行。

(24)应根据厂家提供的设计图纸、供货实物信息等,依据各设备及系统接口、实物尺寸等信息,评估详细设计文件升版必要性。实际施工过程中,如发生非原则性的设计修改,由变更责任工程师发起永久变更设计修改单。如发生重大修改或原则性修改,则对详细设计文件进行升版,如属于 NNSA 审批项目,应同步提交报告,提交 NNSA 审批。详细设计修改单审批、分发和存档要求等与详细设计方案要求一致,并及时向各部门发送文件修改通知单。

(25)详细设计方案生效后,变更责任工程师组织技术交底、试验程序/方案的编制、发起配置修改的相关通知等,并结合方案情况,核实物项准备情况,必要时发起二次补充采购。

3.3.6　永久变更实施准备管理(监管申报部分)

(1)对于核安全相关变更,核安全处负责在“会签设计方案”时判断永久变更项目是否需要上报 NNSA 审批,并提交电厂安全委员会审议。

(2)变更责任工程师负责编制核安全重要修改许可申请文件(包括变更所涉及执照文件的修改内容)。对于上报 NNSA 批准的永久变更项目,其评价报告需在实施完成一个月内报送 NNSA。

(3)对于涉网设备的永久变更,须在开展前向电网报送检修计划,取得许可后方可现场实施。具体涉网设备范围及要求见《生产运行调度管理》(OP－QS－110)、《涉网设备检修计划管理》(PL－QS－240)。

(4)对于特种设备的永久变更,须在实施前上报相关外部监管机构备案或批准。具体特种设备范围及要求以《特种设备安全监督管理》(IS－QS－340)规定为准。

(5)对环境安全相关变更项目,如环保、辐射安全、环境监测、海工等,变更责任工程师应选择相关部门会签设计方案,相关部门进行识别判断,并联系监管单位核实确认管理要求,通知变更责任工程师组织编写申报材料。

(6)对于消防安全相关变更项目,变更责任工程师应选择消防管理部门会签设计方案,消防管理部门进行识别判断,联系监管单位核实确认管理要求,通知变更责任工程师组织编写申报材料。

(7)对于信息安全相关变更项目,变更责任工程师应选择信息安全管理部门会签设计方案,信息安全管理部门进行识别判断,联系监管单位核实确认管理要求,通知变更责任工程师组织编写申报材料。

3.3.7　永久变更实施准备管理(物项部分)

(1)变更项目根据方案实际情况,进行物项准备。物项按照来源,分为无需物项、库存物项及需要采购等三类。物项按照类型,分为主设备及通用物项两类。物项按照采购时间节点,分为初步设计后采购、详细设计后补充采购两类。

(2)变更物项采购过程主要包括物项采购预算申报、采购技术规格书编制、采购立项、合同签订、物项制造或调配、物项到货验收入库等。具体要求见第 5 章 5.2 节及第 7 章。

(3)变更责任工程师根据设计方案编制采购技术规格书,发起采购立项流程,协助采购工程师进行供货方选择、物项制造过程管理及物项到货验收等。

(4)对于优先 0 级永久变更,经分析,常规物项采购进度会影响变更项目现场实施时,允许在 NNSA 批准前启动物项采购流程。

3.3.8　永久变更实施准备管理(施工部分)

(1)永久变更施工准备由施工责任工程师负责,负责确认施工方式及编制施工准备文件、工单等。变更责任工程师提供技术支持。

(2)详细设计完成后,变更责任工程师组织施工负责人、项目组、相关处室专业人员,进行技术交底。具体要求见《永久变更实施管理》(CM－QS－2104)。施工责任工程师根据设计方案和技术交底情况,编制施工准备文件,主要包括施工外委技术规格书、施工方案、施工文件包等。

(3)变更责任工程师发起变更工作任务,通知施工责任工程师进行变更工单准备。

(4)变更责任工程师负责编制永久变更后试验程序。具体要求见第9章及《永久变更后试验管理》(CM－QS－2105)。

3.3.9 永久变更实施准备管理(配置一致性部分)

(1)核电厂设计基准、设计文件、实体配置及记录信息应保持一致,永久变更完成后应及时对图纸、程序、数据库进行修改生效,并通过培训使相关岗位人员掌握已改变的配置和操作要求。具体要求见第10章。

(2)在详细设计文件生效发布后,变更责任工程师向相关责任处室提交文件修改通知单,通知相关处室及时识别和修改受变更影响的文件,包括运行文件修改通知单任务、技术文件(维修/设备)修改通知单任务。投用检查时生效生产相关技术文件,关闭时生效全部技术文件。

(3)永久变更必须保证核电厂最终安全分析报告满足适用的法规和标准的要求,影响到的最终安全分析报告相关章节,需要修订时由各处室反馈修订意见汇点到变更责任工程师处。变更责任工程师发起最终安全分析报告修改单,通知相关管理部门升版。

(4)在详细设计文件生效发布后,变更责任工程师发起设备标牌制作申请单。

(5)变更责任工程师识别变更引起设备信息修改,并在相关信息系统发起修改流程,包括设备设计信息修改、备件及主数据信息修改、设备整机及部件物料清单(BOM)信息/图纸修改等。

(6)永久变更触发的模拟机配置修改为适应性的跟踪修改,在具备实施条件和做好记录的前提下,应及时开展,具体管理要求见《模拟机运维管理》(TQ－QS－420)。

3.3.10 永久变更实施管理

(1)永久变更现场实施按照工单由施工负责人进行跟踪管理。具体要求见《工作控制》(PL－QS－100)。

(2)现场实施前,施工责任工程师组织开工条件检查,确认实施前准备工作已全部完成,包括设计文件及相关变更文件已发布生效,施工责任单位已确定,变更工单已批准,变更涉及的所有专业工作风险评估已完成,工作进度要求已经计划人员和运行人员认可,现场实施所需的机组、系统和设备状态已具备。开工条件确认应以变更开工确认单的形式经编校审批发布生效后,方可现场实施。

(3)变更责任工程师负责变更项目施工现场的质量控制工作。施工完成采用安装完工证,施工单位应进行自检,保证施工质量。

(4)变更实施准备、实施期间有修改,需要填写变更设计修改单或施工问题单。

3.3.11 永久变更后试验管理

永久变更项目在实施完成后，由变更实施责任处室组织永久变更后试验，变更责任工程师参与试验过程，验证变更是否实现预期目标。具体要求见第9章及《永久变更后试验管理》（CM－QS－2105）。

3.3.12 永久变更投用检查管理

（1）永久变更实施完成后，在运行文件已修改完成、现场清理完成、正式标识已完成、永久变更后试验已完成等所有验收前提条件均满足的前提下，变更责任工程师及时组织变更项目的投用检查。具体要求见第11章及《永久变更投用检查管理》（CM－QS－2106）。

（2）方案及现场设施没有变化的临时变更转为永久变更的项目，直接进行投用检查及后续文件修改、评价、归档、关闭流程。

（3）投用检查完成后，变更责任工程师按照永久变更文件修改管理要求，以完成文件修改工作。

（4）变更责任工程师通知相关处室开展变更项目相关培训，使相关岗位人员掌握已改变的配置和操作要求。

3.3.13 永久变更验收评价与关闭管理

（1）所有变更项目，应进行验收评价后关闭。变更责任工程师在编制《永久变更关闭包》时，对变更项目进行评价，评价的内容应包括变更实施过程评价和变更后效果评价。具体要求见第11章及《永久变更验收评价管理》（CM－QS－2107）。

（2）分阶段实施的变更项目，应在项目全部实施完成后评价关闭。

（3）对于评价后需要推广的变更项目，变更责任工程师须在报告中完整描述建议推广的范围。

（4）《永久变更关闭包》批准发布后，变更责任工程师打印该文件并附上实施部门的完工文件工作包，提交变更管理科审查，审查合格后提交文档管理处归档。

第4章　物项替代流程

4.1　物项替代的目的和来源

核电站在其长达数十年的寿期内，由于外部供应链环境的变化等原因，不可避免地会面临无法采购到原设备相同备件的困难，或出于自身降低备件成本等考虑，需要采用不同于原型号的备件。如何保证新备件的使用不降低系统原有设计功能和安全水平，从而保证核电站在整个寿期内实体配置、设计基准及技术文件三者之间的一致性，是物项替代管理的根本目标。

4.2　物项替代管理相关定义

(1)物项替代：在保证系统和设备的原有设计功能不改变、安全水平不降低，且不影响已批准执照文件的前提下，用新物项替代原物项的认证过程。物项替代对象为维修活动中会更换的部件，在备件层面开展替代分析，原则上不超过最小设备编码范围。

(2)原始物项(原物项)：与替代物项相对应，指物项替代活动批准前核电站使用的物项。

(3)替代物项：与原物项相对应，指经过物项替代活动批准的物项。

(4)完全替代：通常是由于可靠性等原因开展的替代，完全替代后现场不再使用原物项。

(5)不完全替代：由于断供、经济性考量等原因开展的替代，替代后原物项仍可以继续在现场使用。

(6)关键参数：物项为实现系统和设备中的功能所应达到的技术参数，对功能实现起决定性作用。

(7)离线试验：在物项替代实施前，为验证替代物项主要性能参数是否符合系统、设备的设计技术要求，验证替代物项能否满足预期功能要求而开展离线性能验证过程。

(8)在线试验：物项替代实施后，为验证替代物项主要性能参数是否符合系统、设备的设计技术要求，验证替代物项能否满足预期功能要求而开展在线性能验证过程。

(9)优先级：按照实施的紧急程度，分为优先0级、优先1级。

(10)投用检查：在现场物项替代实施完成后投用前，对其功能(部分或全部)和可投用的条件进行检查确认的过程。

(11)验收关闭:确认物项替代项目所有相关工作全部完成,满足项目完工结束条件的管理过程。

(12)项目评价:为验证替代物项的性能、可靠性,以确定后续是否具备推广实施条件等的管理行为。

4.3 物项替代的分级

重大替代(满足如下条件之一)如下。

(1)NNSA 监管物项(以“民用核安全设备目录”为准)的替代。

(2)影响 SPV 设备功能的部件替代。

(3)项目金额超过 100 万元且少于 1 000 万元的物项替代。

(4)当项目金额超过 1 000 万元时,不适用物项替代流程。

一般替代:除重大替代之外的物项替代项目。

4.4 物项替代管理原则

4.4.1 总体业务管理

物项替代的总体业务分为物项替代的申请与技术论证、物项替代的审查批准、物项替代的试验验证、物项替代的实施与投用检查、物项替代的验收关闭与评价推广。物项替代项目应按各环节的相互关系依次稳步推进实施。

物项替代的主要业务流程,如图 4 - 1 所示。各环节具体管理要求见本章 4.7 节及后续章节。

4.4.2 总体业务管理要求

适用备件原则:物项替代是备件的等效论证流程。

等效论证原则:替代物项必须与原物项进行充分的技术比对和论证,以证明两者的等效性。物项替代应符合系统的设计基准和要求,不得降低系统和设备原有的安全水平,不得改变系统和设备原有的设计功能,不得改变系统的逻辑关系和流程,不得导致系统和设备的运行参数发生变化。

逐一论证原则:物项替代的论证必须是针对某一个具体型号设备的物项,论证过程中必须指明这一型号的备件适用于哪些设备(明确设备位号)。

设备管理原则:物项替代的技术论证由原物项的设备/备件工程师负责。当一个物项替代项目中的备件对应多个设备/备件管理工程师管辖的设备时,申请论证报告应同时得到相关设备/备件管理工程师签字认可。

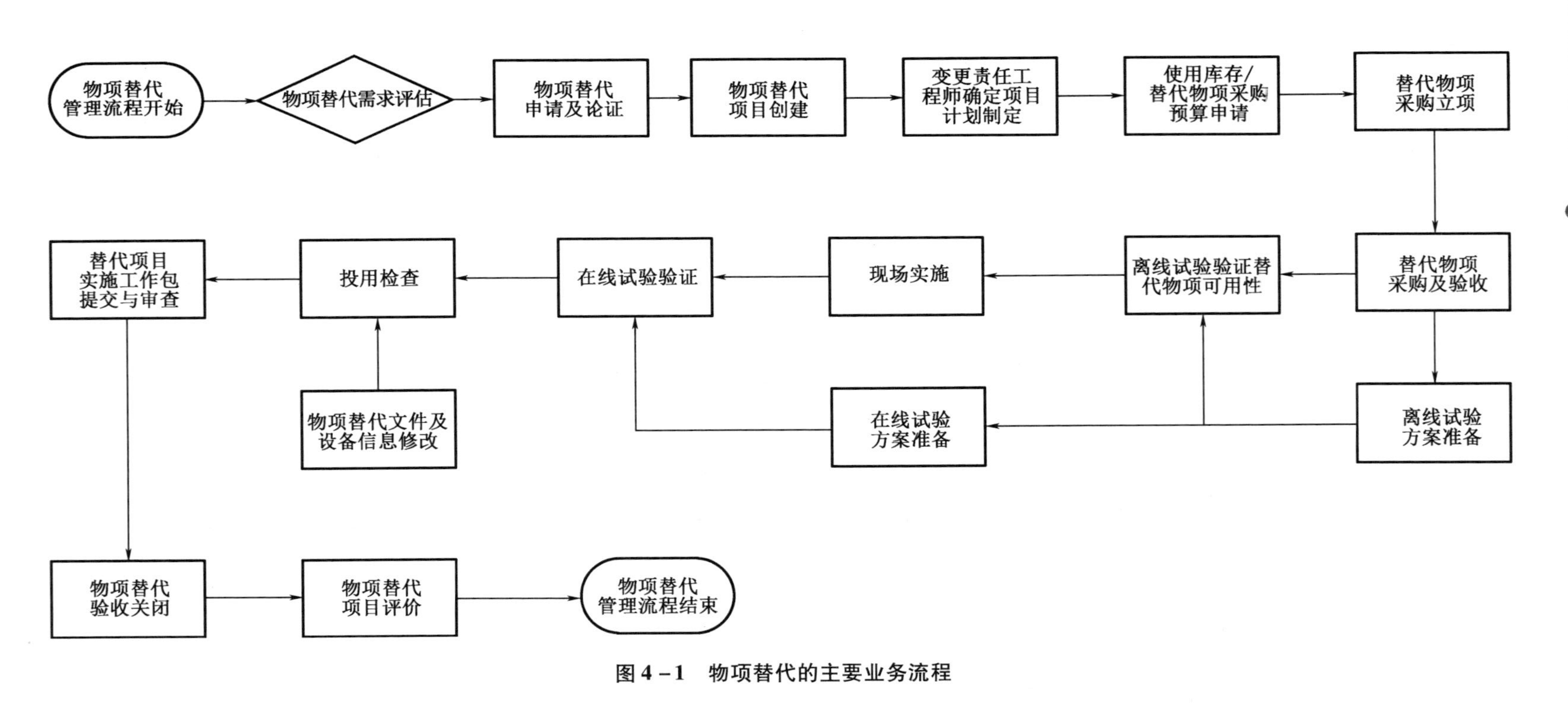

图4－1　物项替代的主要业务流程

保守原则:物项替代应考虑替代物项的业绩、成熟度、可靠性,论证过程中应充分考虑物项替代工作可能带来的风险,尤其在执行与核安全及SPV设备相关物项替代时,要对相关设备所有参数和物项替代对系统的影响进行全面评估,涉及SPV设备的替代同时应加强各环节的风险识别和管控,并制定缓解措施;替代首次实施的对象,应尽量选取故障后果相对较小、运行条件相对苛刻的设备。替代实施前具备离线试验条件的应进行离线验证,离线试验应模拟现场全部工况,以验证各工况下物项的功能,实施后应进行替代后在线试验验证。首台物项替代验收评价认可后,方可推广。

分级管理原则:对特定的安全、系统性能、生产影响程度、投资等各方面总体评价后,按照一般物项替代和重大替代定义进行分级管理。

分类管理原则:物项替代依据替代的范围和替代原因等分为完全替代与不完全替代两类,并依据分类制定相应的管理流程。

计划管理原则:按照物项替代项目优先级,从立项、实施等方面制定物项替代实施计划,按照计划时间节点稳步推进。物项替代实施计划应符合变更总体计划的制定原则。

配置信息一致性原则:物项替代实施前后都应保证现场物项与设备文件信息、生产技术文件等的一致性。替代实施前识别需要修改的生产技术文件和设备备件信息,发起修改任务,替代实施后需要修改的文件和信息应及时生效,并通过培训等形式确保相关岗位人员掌握已改变的配置和操作要求。

4.5 物项替代申请与论证分析

4.5.1 物项替代产生的原因

在物项替代申请时,应明确物项替代的原因,主要有以下几方面。

(1)因原物项产品升级、厂家倒闭等原因导致断供。

(2)因原物项可靠性降低,不满足现场稳定运行要求。

(3)降低成本、统一备件等经济性考量。

(4)其他原因。

4.5.2 物项替代技术论证

物项替代需要从如下几个方面开展技术论证。

(1)应对物项替代需求的合理性进行评估,评估替代的必要性、可行性和经济性,并提供相关支持性说明,如物项产品停产升级的说明、厂家倒闭的说明、物项可靠性不符合稳定运行的分析报告、替代成本对比分析、备件信息等。

(2)应对替代物项的等效条件进行论证,包括但不限于规范等级、关键性能参数、环境相容性、安装互换性等。关键性能参数论证范围需依据《设备信息管理》《典型设备特征值管理导则》等确定。替代物项的关键性能参数原则上应与原物项保持一致,当存在差异时,应分析差异(高或低)是否满足原设计要求,对系统和设备的影响是否可以接受。安装互换性论证时应进行现场实地勘察,替代更换不应影响到其他设备/部件。如物项替代需要小改动,则应在实施前编制详细设计方案和施工方案用以指导现场施工。

(3)应对替代物项的替代试验方式、安全性风险影响等方面进行说明,并列出物项相关技术资料文件清单,以及其他支持性文件(如厂家停产升级的性能分析报告、第三方试验报告、科研类的技术资料分析报告等)。

(4)列出适用设备范围清单和替代实施计划。

(5)物项替代的分级与分类的论证。

物项替代申请论证时,应基于原物项与替代物项关系对物项替代进行分类,分为完全替代和不完全替代两类;物项替代采用分级管理,分为一般物项替代和重要物项替代,在申请论证时应对物项替代进行分级。

(6)论证分析最终形成《物项替代申请论证报告》,变更责任工程师发起部门审查、会签、审批后发布生效。

4.6 物项替代审查批准

(1)变更责任工程师向电厂技术委员会汇报物项替代申请论证报告内容,由电厂技术委员会决策是否进入电厂实施流程。

(2)对于一般替代,由电厂技术委员会专业组讨论,并在电厂技术委员会上通报并批准。对于重大替代,由变更责任工程师向电厂技术委员会汇报,批准同意后进入实施流程。

4.7 替代物项的采购

(1)物项替代申请审批报告经批准后,变更责任工程师应首先评估库存物项是否满足要求(库存不同型号备件之间的相互等效),如满足变更责任工程师修改设备的关联备件信息,将替代物项与原物项的设备和备件信息相关联。

(2)如需采购,则变更责任工程师发起采购申请,按变更专项采购进行管理,申请预算和发起采购立项申请,组织到货后的验收等。原则上采购的首台物项,经现场实施验证满足功能要求,后续按照备件进行采购。

4.8 物项替代的离线试验验证

(1)编写离线试验验证方案并开展验证,试验验证的工况条件应覆盖现场全部工况,验证结果合格后才能安装至现场。

(2)一般替代试验验证方案与报告由技术责任(副)处长批准,重大替代试验方案与报告由电厂技术委员会(副)主任批准。

(3)完成试验验证的,其验收准则符合要求,由试验报告批准人批准物项替代现场安装实施流程。

(4)对于不具备离线验证条件的,由生产厂长批准进行现场安装,在线试验验证替代物项的性能。

4.9 物项替代的实施与投用检查

(1)替代现场实施前应进行开工条件检查。

(2)现场安装实施通过替代工单进行跟踪管理。

(3)现场实施完成后,应开展替代后在线试验验证,试验合格后方可投用检查及验收。

(4)对于完全替代,其余设备通过工单进行跟踪管理,每一台设备完成替代后逐个修改设备信息、BOM 及相关生产文件,全部完成后物项替代才能进入验收关闭流程。

(5)对于不完全替代,现场实施一台后修改全部设备备件信息、BOM 及相关生产文件,物项替代允许进入验收关闭流程。

(6)物项替代现场实施并试验验证后,开展投用前检查,并核实确认配置信息已修改,运行直接相关文件修改生效。

4.10 物项替代的验收关闭与评价推广

(1)替代实施完成后,变更责任工程师负责组织收集所有替代相关文件。替代实施完成后实施负责人收集替代工作包,提交至变更责任工程师审查。替代实施完成后,变更责任工程师负责组织收集所有替代相关文件,并发起替代项目关闭流程。

(2)替代完成后,应对完全替代业务中的原物项的剩余库存按照《资产处置管理》要求开展技术鉴定并处置。现场更换下的物资按照更换件管理相关流程开展评估与回收管理。

(3)在完成第一台设备替代一个燃料周期后,应对替代项目开展评价。评价内容主要包括替代后备件的可靠性、替代范围是否全部完成等。对于不完全替代,首台替代经评价符合要求的,后续的替代推广按照备件更换来管理。

第5章　变更计划与预算

5.1　变更计划管理

变更计划管理是为了确保要变更的项目最终按时完成的一系列管理过程。它包括具体活动界定、活动排序、时间估计、进度安排及时间控制等各项工作。变更计划的制定包括启动、设计、执行、关闭四个环节,一个合理的变更计划可以有效控制项目的成本。

变更计划根据变更项目的优先级别进行安排。变更项目的优先级别、责任部门、实施窗口等信息,由生产技术委员会在变更申请审查时确定。

变更管理科根据生产技术委员会确定的变更优先级别和实施窗口制定变更计划,变更计划中具体里程碑节点计划经变更责任工程师确认后录入 EAM 系统。如果变更责任工程师确认后需要修改生产技术委员会之前确定的优先级和实施窗口的项目,则由变更管理科确认原因后提交生产技术委员会进行通报和说明。EAM 系统依据节点时间发送邮件提醒变更责任工程师节点到期情况。变更管理科定期对变更计划执行情况进行跟踪和提醒。

变更责任工程师在接到变更项目后,可根据项目的难易程度制定里程碑计划或二级进度计划。项目计划制定完成后,项目负责人需将各节点需要完成的工作落实到人。例如,项目设计工作落实到项目负责人、设备采购和设备到货工作落实到设备工程师、项目实施准备落实到项目施工负责人。项目负责人可以通过项目月报形式反馈项目进展情况,当项目进展与计划节点发生偏差时,项目负责人可组织项目组成员召开项目协调会,协调解决存在的问题和制定后续的变更计划,以确保项目全流程的计划管控。

优先0级的变更项目允许优先安排实施,其他变更项目不允许随意更改节点时间和实施窗口,如需更改应做分析说明,以做到提前计划、合理实施。

针对实施计划窗口为大修的永久变更项目,需要大修经理会签确认。对于实施窗口为日常的项目,需要生产计划会签。对于冻结后的大修项目,计划调整审批应经过大修执行指挥会签。

采购周期对实施窗口有影响的优先0级项目允许采购提交时间提前于 NNSA 批准。实施窗口的节点计划调整由生产技术委员会主任批准,其余节点计划调整由变更项目领导小组组长审批。

对于长期没有进展的项目(两年内无法完成设计、进入流程超过五年但还未开始实施)原则上可纳入中长期规划管理。长期无进展项目应每六个月进行一次回顾,分析原因并由电厂/公司技术委员会进行推进。

下面以秦一厂的定转子水泵增加备用泵改造项目为示例进行讲解。该项目在变更申请审查阶段已确定为重大改造项目，实施窗口确定在 OT－120 大修期间实施；变更管理科根据生产技术委员会确定的变更优先级别和实施窗口制定了变更计划，如图 5－1 所示。

节点	计划时间
01-外委设计计划完成时间	N/A
02-初步设计计划完成时间	20191219
03-详细设计计划完成时间	20200530
04-NNSA申请计划提交时间	20200615
05-设备采购申请计划提交时间	20200115
06-设备采购计划到货时间	20201130
07-外委施工立项计划提交时间	20200530
08-施工方案计划完成时间	20200930
09-变更后试验方案计划完成时间	20200930
10-实施准备计划完成时间	20201130
11-投用检查计划完成时间	20210210
12-变更评价计划完成时间	N/A
13-变更计划关闭时间	20210531

(a)

任务模式	任务名称	工期	开始时间	完成时间	前置任务
	定转子水泵增加备用泵	**465 个工作日**	**2019年8月20日**	**2021年5月31日**	
	设计阶段	**209 个工作日**	**2019年8月20日**	**2020年6月5日**	
	初步设计	88 个工作日	2019年8月20日	2019年12月19日	
	详细设计	117 个工作日	2019年12月20日	2020年5月31日	3
	设计交底	5 个工作日	2020年6月1日	2020年6月5日	4
	采购阶段	**314 个工作日**	**2019年9月30日**	**2020年12月10日**	
	设备采购立项申请提交	78 个工作日	2019年9月30日	2020年1月15日	
	设备采购合同签订	65 个工作日	2020年1月16日	2020年4月15日	7
	设备图纸提交	22 个工作日	2020年4月16日	2020年5月15日	8
	设备出厂验收	142 个工作日	2020年5月16日	2020年11月30日	
	设备到货	8 个工作日	2020年12月1日	2020年12月10日	
	施工准备阶段	**121 个工作日**	**2020年5月15日**	**2020年11月1日**	
	施工合同立项申请提交	12 个工作日	2020年5月15日	2020年5月31日	
	施工合同签订	110 个工作日	2020年6月1日	2020年10月30日	
	施工方案提交	88 个工作日	2020年6月1日	2020年9月30日	
	试验规程提交	88 个工作日	2020年6月1日	2020年9月30日	
	工单拆分及准备	7 个工作日	2020年10月1日	2020年10月9日	
	开工条件检查	1 个工作日	2020年11月1日	2020年11月1日	
	实施阶段	**25 个工作日**	**2020年12月26E**	**2021年1月29日**	
	实施及试验完成	26 个工作日	2020年12月26日	2021年1月29日	
	验收及关闭阶段	**86 个工作日**	**2021年2月1日**	**2021年5月31日**	
	项目验收	3 个工作日	2021年2月1日	2021年2月3日	20
	项目评价	82 个工作日	2021年2月4日	2021年5月28日	
	项目关闭	2 个工作日	2021年5月29日	2021年5月31日	

(b)

图 5－1　变更计划

该项目采购立项申请实际提交时间为2020年2月23日，与计划偏差39天。变更管理科需分析该环节出现偏差的原因，联系变更责任工程师评估该偏差是否会影响设备合同的签订及交货时间，是否会影响系统接口施工图纸按计划提交。若有影响，需要由变更责任工程师提交永久变更（物项替代）项目计划调整审批表（表5－1，具体以程序为准），进行变更计划调整，以确保该项目在OT－120大修期间顺利实施。变更管理科根据调整审批表调整原计划节点。重大及以上变更计划调整，由厂长及其他责任处室处长审批。

表5－1　永久变更（物项替代）项目计划调整审批表

审批表编号：YYY－SSC－TPCMPP－NNNNNNNMMM

<table>
<tr><td>变更编号</td><td colspan="3">（变更组合列）</td></tr>
<tr><td>变更名称</td><td colspan="3"></td></tr>
<tr><td rowspan="2">变更分类</td><td>□一般变更　□重大变更　□特大变更</td><td rowspan="2">优先级</td><td rowspan="2">□优先，□1级，□2级</td></tr>
<tr><td>□一般替代　□重大替代</td></tr>
</table>

计划节点时间（包括实施窗口）调整说明			
项目里程碑名称	涉及	调整前计划时间	调整后计划时间
01－外委设计计划完成时间	□		
02－初步设计计划完成时间（适用永久变更）	□		
03－详细设计计划完成时间（适用永久变更）	□		
03－技术论证报告计划完成时间（适用物项替代）	□		
04－NNSA申请计划提交时间	□		
05－设备采购申请计划提交时间	□		
06－设备采购计划到货时间	□		
07－外委施工立项计划提交时间	□		
08－施工方案计划完成时间	□		
09－变更后试验方案计划完成时间	□		
10－实施准备计划完成时间	□		
11－投用检查计划完成日期	□		
12－变更计划关闭时间	□		
13－实施窗口计划时间	□		

调整原因描述

1. 是否是如下类型，如画钩，需要另外特别说明其影响：

□涉及SPV　□大修变更项目　□列入JYK考核项目　□其他重点项目

2. 具体调整原因：

3. 计划调整对机组的影响：

审批步骤	角色及审批说明	人员签名（须含签发日期）
编写	变更责任工程师或计划任务节点责任人	
校核	项目组成员或计划任务节点责任人科长	

表 5 -1(续)

审批步骤	角色及审批说明	人员签名(须含签发日期)
审查	项目领导小组成员或计划任务节点责任人的(副)处长/主任工程师	
会签	变更管理科科长、变更责任工程师、其他相关处室 说明: (1)如实施窗口调整,则需要生产计划处(日常项目)、大修经理(大修项目会签)。 (2)如变更责任工程师发起,则不需要责任工程师会签。 (3)冻结大修项目调整,需经大修经理、大修执行指挥会会签	
批准	非实施窗口节点调整:项目领导小组组长 实施窗口节点调整:生产技术委员会主任	

注:JYK 是指计划 - 预算 - 考核一体化。

该项目在 OT - 120 大修实施期间,变更责任工程师为了更好地控制项目实施,从 2020 年 12 月 26 日至 2021 年 1 月 23 日,以日报形式反馈项目实施进展,很好地起到了项目的实施计划跟踪作用。

在秦一厂定转子水泵增加备用泵改造项目中,变更管理科对前期方案和改造范围做了充分的评估,制定并细化了变更的进度计划;对项目计划在执行过程中出现的偏差进行分析,并调整计划,使计划更加趋于合理;在项目实施过程中,通过日报形式很好地跟踪了变更进展,从而达到了变更计划管理要求。

5.2　变更项目预算管理

项目预算是指工程改造项目对未来经营活动和相应财务结果进行充分、全面的预测与筹划,并通过对执行过程的监控,将实际完成情况与预算目标不断对照和分析,从而及时指导经营活动的改善和调整,以帮助责任人更加有效地管理变更改造项目。

变更责任工程师在申请变更项目预算时,首先判断该变更是否为资本性变更,判别依据如下。

(1)新增系统。

(2)变更项目涉及的设备有报废并产生新增设备,且设备符合阀门类直径为 300 mm 以上,电仪设备为整台套的盘柜、工控机等条件。

(3)除上述条件外,其他总费用在 200 万元及以上的项目。

其次,对于新增预算项目,需要准备相应支持性材料或等效材料,具体如下。

(1)新增资本性变更,预算总价在 100 万元及以上的需提供变更项目可行性报告或项目建议书。

(2)新增外委(设计或施工)服务预算,预算金额在50万元及以上的外委服务项目需要提供项目建议书。

(3)提供包含申请预算的变更项目的技术委员会审查会议纪要。

(4)设计外委项目审批表。

最后,申报变更预算时,需根据变更项目特点和技术条件将变更预算拆分为设计费、设备材料采购费、现场实施费。

对于非资本性变更改造费用(设计费、现场实施费等)已与相关单位签订了框架合同的,则变更项目不需要再单独申报预算;超过框架合同限额的则需要单独申报预算。非资本性变更改造相关的材料备件使用成本类(P类)预算采购、服务类(E类)预算领用。

变更责任工程师在申报变更项目预算时,须将变更项目的申报金额、预算申报类型、预算申报的支持性材料提交至变更管理科,由变更管理科统一申报。预算下达时,变更项目设计费下达到变更责任工程师所在处室;设备材料采购费下达到设备工程师所在处室;现场实施费下达到施工负责人所在处室。

变更项目预算执行应与变更计划相结合:在执行设计预算时,变更责任工程师须参照项目进度计划,在设计合同签订环节支付设计费的20%,详细设计完成后支付设计费的50%,验收及投用检查完成后支付设计费的20%,变更关闭后支付设计费的10%;设备工程师在支付设备材料采购费时,需在设备材料到货入库后支付采购费;施工负责人在支付现场实施费时,可在签订合同环节支付实施费的30%,投用检查完成后支付实施费的60%,变更关闭后支付实施费的10%。

变更计划调整后,变更责任工程师需将调整后的计划与变更项目预算执行节点进行比对,调整预算执行偏差节点,并将预算调整后偏差节点反馈给处室预算员,当变更责任工程师申报的预算低于合同签订金额时,变更责任工程师需书面说明预算偏差原因,并经相应经济授权的领导批准后再申请调整预算。

第6章　变更项目设计外委流程

6.1　设计外委目的及准入

为满足变更责任工程师在项目管理过程中的设计需求，核电厂可通过委托流程由设计单位（设计院）为其提供变更改造设计与技术服务。

核电厂委托设计院对变更项目开展设计的准入条件如下。

（1）变更责任工程师不具备技术能力。

（2）培养变更责任工程师的技术能力代价太大。

（3）核电厂不具备相应资质等。

6.2　变更责任工程师外委项目职责

6.2.1　变更责任工程师外委项目职责（单签合同）

（1）负责外委项目设计技术管理。

（2）负责外委项目设计合同的预算、立项、执行控制和结算。

（3）负责外委项目设计过程管理，编写外委设计技术规格书，跟踪项目设计进度，组织设计审查和验收。

（4）负责协助设计院查询设计过程中所需求的系统原始参数和实际运行参数。

6.2.2　变更责任工程师外委项目职责（框架合同）

（1）负责外委项目设计技术管理。

（2）负责外委项目设计合同预算（资本性项目）、执行控制和结算。

（3）负责外委项目设计过程管理，跟踪项目设计进度，组织设计审查和验收。

（4）负责协助设计院查询设计过程中所需求的系统原始参数和实际运行参数。

6.3　外委项目管理流程

6.3.1　外委项目询价流程

非技术处变更责任工程师填写外委设计和技术服务任务询价单01部分，经所在部门审批后,通过ECM(公文系统)工作联系单提交询价单至对应技术处变更管理科,变更管理科经审批后发送至设计院进行询价。

技术处变更责任工程师填写外委设计和技术服务任务询价单01部分,经所在部门审批后,通过邮件提交询价单至对应技术处变更管理科,变更管理科经审批后发送至设计院进行询价。

6.3.2 外委项目委托流程

设计院在规定时间内反馈询价单后,如设计院反馈的价格满足框架合同委托要求,那么变更责任工程师会综合比较设计院反馈的工作内容、完成时间、工时报价是否满足委托需求,并反馈给需正式委托的设计院。变更管理科根据反馈编制委托函件,设计院收到委托函件后开展正式设计工作。

如设计院反馈的价格超出框架合同委托要求,则变更责任工程师按照单签合同流程(申请预算、立项、签订单签合同)开展工作。

6.3.3 外委项目注意事项

(1)委托时写明需要设计院解决什么问题、达到什么目的、项目设计完成的时间计划节点。

(2)外委项目工作内容要全面,避免二次委托。

(3)重大项目根据项目进展设置不同的文件提交时间节点。

(4)外委时增加对核电厂最终安全分析报告等文件的核查及修改委托。

6.3.4 外委项目设计管理

(1)变更项目委托后,变更责任工程师可直接与设计院项目负责人沟通,确认设计过程中的技术细节。

(2)设计进度管理:变更责任工程师应根据设计委托合同确定的进度要求,与设计院项目负责人及时沟通,了解设计进度。

(3)设计审查管理:对设计院提供的各阶段设计文件(包括变更),变更责任工程师需要及时组织审查,并将审查意见反馈给设计院,以便在正式的设计文件中予以体现。

(4)设计变更管理:在改造现场实施过程中遇到问题,如需对设计文件进行变更,那么变更责任工程师需要及时反馈给设计院,并获得设计院的认可,或由设计院提供设计变更单。

(5)技术服务管理:变更责任工程师必要时需联系设计人员给予设计澄清、指导及技术支持。

(6)竣工文件管理:在改造项目竣工后,变更责任工程师通知设计院,根据最终版施工图及相关变更编制竣工图。竣工图为改造项目验收的条件之一。变更责任工程师可要求设计院提供可编辑电子文件。

(7)文件编码管理:根据公司文档管理要求,设计院出版文件时需增加核电厂EAM文件编码。变更责任工程师可联系公司文档管理部门索取文件编码。

6.3.5 外委项目结算流程

(1)当框架合同内项目实施完毕后,设计院提供外委设计和技术服务工作量确认及评价单进行服务确认，变更责任工程师应根据项目进展及完成情况对评价单08部分进行评分及实际工作量确认，经变更责任工程师所在部门科长、处长签字确认后，变更管理科根据得分情况对项目进行结算。

（2）当单签合同项目实施完毕后，变更责任工程师按照采购合同相关程序填写服务合同完工确认会签表及供应商绩效评价等文件，完成合同关闭流程。

外委项目管理流程如图6－1所示。

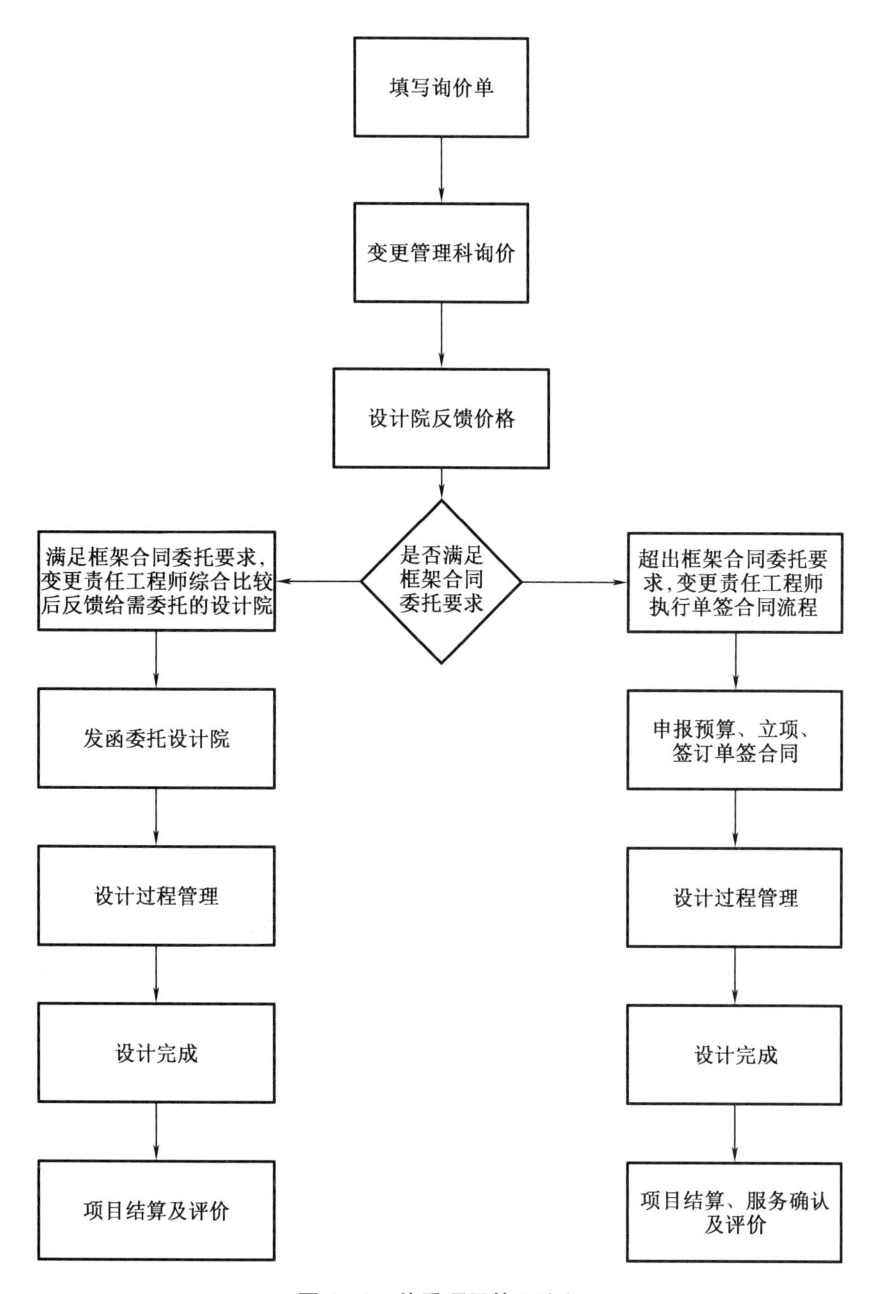

图6－1　外委项目管理流程

第7章　变更物资采购与验收

7.1　变更物资采购

在变更改造过程中,设备质量的好坏是改造工作成功与否的关键。变更责任工程师在编制采购技术规格书时须明确设备的技术参数和要求、安全等级、抗震及质保等级等信息。

变更责任工程师还需在设备中台创建变更 BOM,变更 BOM 由变更责任工程师所在科室负责人审核批准。变更 BOM 中每新增一条物项,就生成一个唯一的变更物项号。变更物项号由系统自动生成,其编码规则为:EC - EC 流水号 - 物项行号。物项行号首次录入按自然数依次赋值,后续随着升版修改,按物项号关联的序号规则依次进行赋值。每个变更物项号可以关联现有的正式物资编码,用于核查库存数量,避免发生超需求采购。每个变更物项号均会产生一个变更不明确项编码(不包含已有的正式物资编码),在物资主数据管理的小类“980199 不明确项物资”下生成,用于库存采购、入库、出库等物项实际流转业务,该编码由系统自动生成。变更项目所需的全部物项及其技术参数应与变更技术方案内容保持一致,变更 BOM 的修改,必须依据已批准生效的技术方案。

变更责任工程师编制完成采购技术规格书并创建变更 BOM 后,需在企业资源计划(ERP)系统中发起物资采购立项申请,变更改造类的主要物资须编制采购技术规格书,在采购立项申请中采购技术规格书与技术委员会变更审查会议纪要作为采购立项附件挂入 ERP 系统中。

设备采购合同签订后,制造厂需提供设备制造计划及设备接口图纸。设备接口图纸是变更详细设计的输入条件,设备制造计划是跟踪设备制造进度的依据。在设备制造过程中,质保等级为 Q1 以上的设备都需要质量计划,制造重要工序需在质量计划中选点见证,必要时可安排技术人员驻厂监造,以此来保证设备制造质量。

7.2　变更物资入库验收

7.2.1　变更物资入库验收的意义

变更物资入库验收是保证物资的完整性和准确性的主要手段。对于整机等设备,设备工程师需在出厂验收前编制设备出厂验收大纲,大纲内容包括设备试验项目、验收标准等。设备出厂验收时,变更责任工程师需组织与设备相关的设备工程师见证设备的出厂试验项目。设备出厂验收大纲和设备采购技术规格书是设备验收的标准文件，是指导验收人员见证设备试验是否合格的依据。

7.2.2 物资入库和验收具体管理流程

物资入库和验收具体管理流程如图 7 – 1 所示。

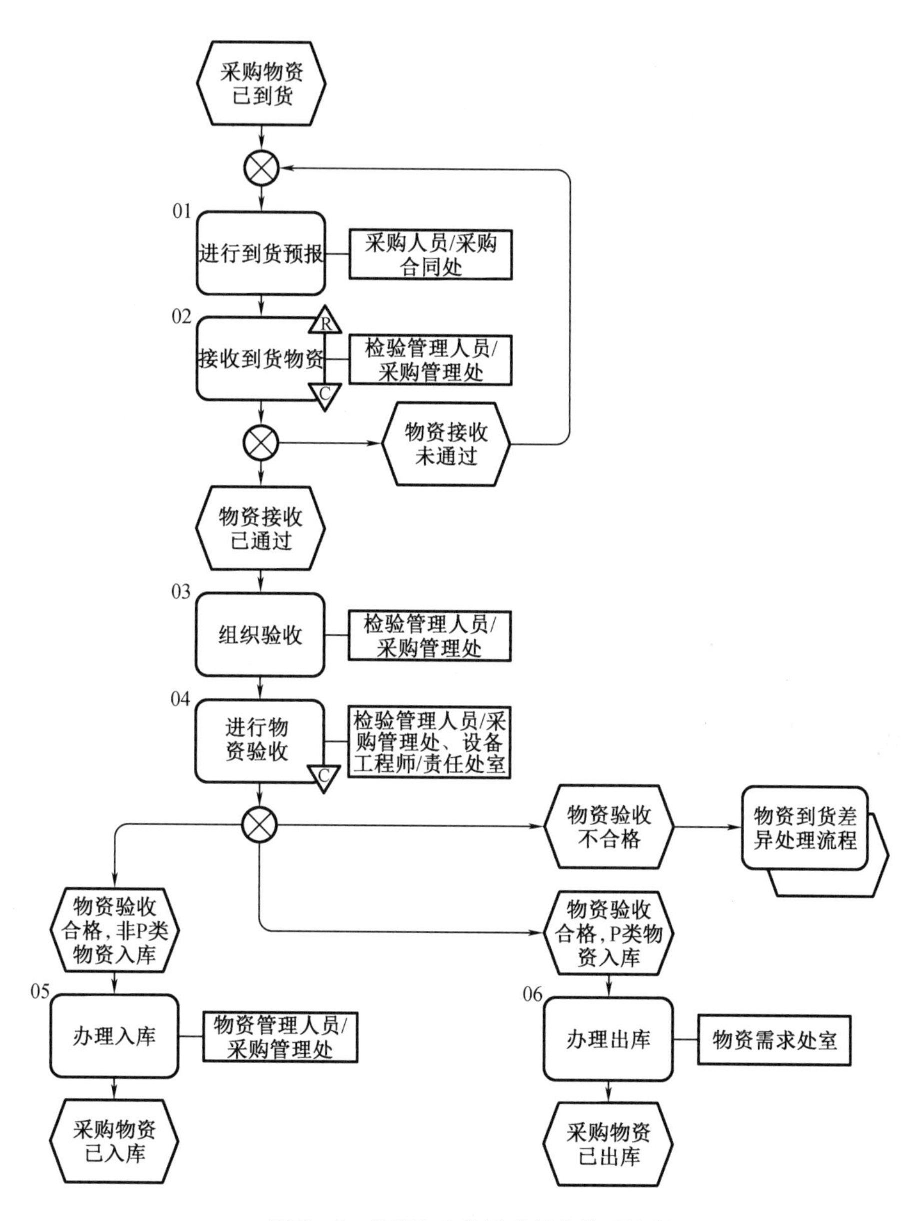

图 7 – 1 物资入库和验收具体管理流程

物资入库和验收管理表见表 7 – 1。

表7－1　物资入库和验收管理表

流程目标:规范物资入库和验收管理要求				
主责部门:采购管理处				
参与岗位/部门: 采购合同处、设备管理责任处室、化学处、物资需求处室				
不相容职责:				
序号	流程步骤	责任和行动	角色/部门	时限/平台/风控
1	进行到货预报	采购人员至少在物资到货前1个工作日,在系统中完成到货预报工作,到货预报信息应包括实物清单和文件清单。如为进口核安全报检设备,必须触发核安全设备报检提醒。 对于毛重10 t以上、外形包装最大尺寸大于3.5 m以上的物资需提前1周通知采购管理处	采购人员/采购合同处	时限:2 日 平台:ERP
2	接收到货物资	检验管理人员根据到货预报信息提前做好接收准备,并以到货预报为接收依据进行到货接收,填写物资到货交接记录表。实物悬挂统一的物资到货待检标签,核安全报检设备悬挂专用的核报检标识牌	检验管理人员/采购管理处	风险点:R01 控制点:C01
3	组织验收	检验管理人员根据验收分级,在到货后2个工作日内通知设备管理责任处室参加验收,设备管理责任处室在收到通知后2个工作日内做出安排和反馈,原则上应在具备验收条件的10个工作日内完成验收工作;应急采购物资应在到货后1个工作日内完成验收通知,设备管理责任处室在收到通知后当天做出安排和反馈,3个工作日内完成验收工作	检验管理人员/采购管理处	时限:10 日
4	进行物资验收	检验管理人员根据验收管理规定,对到货物资进行开箱验收,并填写物资入库验收报告单。对于验收存在差异的物资,按公司差异处理流程要求处理,并将物资存放到差异区	检验管理人员/采购管理处、设备工程师/责任处室	时限:3 日 平台:ERP 控制点:C01
5	办理入库	对于验收合格的非P类物资进行标识、上架并办理入库手续	物资管理人员/采购管理处	时限:2 日 平台:ERP
6	办理出库	对于验收合格的P类物资,需求处室5个工作日内将合格物资全部领用出库	物资需求处室	时限:5 日 平台:ERP

7.2.3 物资检验和入库管理规定

1. 验收分级管理规定

仓库单独验收，是指由采购管理处人员参加，但不仅限于采购管理处人员参加的验收。

用户参与验收，是指采购管理处人员、设备管理责任处室或采购申请需求处室人员必须共同参加的验收，主要包括 SPV 设备的关键备件、重要备件类物资和质量等级为 QA1、QA2、QA3、Q1、Q2 类物资。

检验检测，是指由采购管理处人员通知相关部门通过专门的检测、试验、化验等手段进行验收，如取样复验的化学品等。

2. 物资验收管理规定

检验人员在所有应参与验收的人员到位后方可开箱验收。

采购合同处组织牵头进行核安全报检设备验收工作，在未接到核安全报检人员可以开箱的邮件通知之前，任何人不得对核安全设备进行开箱检验。

仓库单独验收时，采购管理处人员应逐一检查物项的外观质量、标识、名称、规格型号、数量等是否与检验清单一致。

用户参与验收时，设备工程师应参加验收并签字确认，其中进口核安全设备、SPV 设备的关键备件、QA1 类物资验收，须设备管理责任工程师本人参加验收，不得办理委托。除检查物项的外观质量、标识、名称、规格型号、数量等是否与检验清单一致外，应依据合同、技术规格书、图纸等逐一验证物项的完整性、功能性、质量文件等是否满足采购技术要求。

检验检测验收时，采购管理处依据设备管理责任处室出具的检验检测合格证明文件办理入库。

经出厂验收物资，设备管理责任工程师提供出厂验收报告后可不参加物资开箱验收。

外观质量检查要求：外观应无变形、断裂、破碎，内外表面应无腐蚀、锈迹及通过目视检查能发现的外观质量问题。

物资验收时须进行库存物资影像比对核查，对于无主数据影像物资须进行影像采集工作。

物资影像采集要求如下。

(1) 物资影像采集须包含物资标签、标识标牌信息、物资整体外观、物资本体技术信息。

(2) 影像采集物资内容须与物资标签一致，采集信息须清晰、完整、可读。

(3) 影像采集物资外观须完整，有附件须带附件。

(4) 影像采集物资尺寸须包含整体尺寸与必要配合尺寸。

采购合同处在合同中明确供应商提供所有物资的生产日期标牌，采购处验收人员开箱验收时标注生产日期。

检验人员必须在物资入库验收报告单中详细记录物资的生产日期和过期日。实物到期日与主数据不一致的，发起差异流程，由物料责任人确认并更新物料主数据。

对于有寿期要求的物资，到货时物资的剩余有效期不得小于产品有效期的 70%，且最小剩余有效期不小于 6 个月（现场直接领用除外）。在检验时要根据产品生产日期、使用期限等寿期信息核查交验物资剩余有效期的符合性。

对于抽真空包装的物资，验收完成后应立即恢复真空封装保存；对于设备管理责任处室要求不得破坏原物资包装的情况，检验人员须在验收报告中注明，并要求设备管理责任处室签字认可。

验收过程中针对随箱的采购技术文件，由采购合同处采购人员负责按照公司相关管理规定要求向文档部门移交。

P 类物资在系统中完成检验后即被视为出库，在库存数据中无法查到该部分物资信息，因此需要使用部门在检验完成后 5 个工作日内一次性全部领用出库。对于无法按期领用的 P 类物资，物资需求部门应办理无源退库。

工器具的入库验收，应按照《工器具管理》(MA－QS－250)中的程序执行，由申请部门相应专业工程师参与，验收合格的工器具应在验收后 5 天内办理出库手续。

气瓶检验，应查看气瓶是否具有清晰可见的钢印标记，包括制造钢印标记、检验钢印标记及气瓶编号等；检查气瓶检定有效期，检定剩余有效期小于 6 个月的气瓶视为不合格(现场直接领用除外)，不得接收入库；检查气瓶附件(瓶帽、防震圈、瓶阀和手轮等)的完整性和有效性，气瓶附件缺失或无法有效使用的气瓶视为不合格，不得接收入库；检查气瓶外表是否存在油污、腐蚀、变形、磨损、裂纹等严重缺陷，存在严重缺陷的气瓶视为不合格，不得接收入库。

到仓库的化学品由采购管理处负责入库验收，直接到现场的化学品由现场接收使用部门负责现场验收。

第 8 章　变更质量控制

8.1　变更质量控制意义

质量控制是指为达到质量要求所采取的作业技术和活动。

变更质量控制是为了通过监视变更质量形成过程，消除变更全过程中所有环节引起不合格或不满意效果的因素，以达到变更目的和要求而采用的各种质量作业技术和活动。要实现变更预定目标，就必须对变更全过程中的每一个环节进行控制，对影响其质量的人员、机器、物料、法规、环节进行控制。

8.2　变更质量控制主要内容

8.2.1　变更设计质量控制

变更设计质量是决定变更质量的关键。变更技术责任工程师在开始进行变更设计之前，必须充分了解变更需求，熟悉变更所涉及的系统和设备功能与状态，掌握设计原则和规范要求。收集改造相关的原始设计文件和生产技术文件，并到现场进行详细勘查、测绘、核实，以保证详细设计的准确性、合理性和可实施性。如涉及不可达区域或不可拆解设备进行测绘的，可在大修期间到现场进行勘查测绘。设计的严密性、准确性、合理性和可实施性是实现变更目的的有力保证。

变更设计过程中要遵循以下原则。

(1)准确把握变更需求，给出改造预期效果。

(2)完整列出设计依据和规范要求。

(3)确保引用文件和图纸的有效性。

(4)确保所选用物项的设计、制造标准与核电站适用的标准/规范保持一致。

(5)充分进行人因工程、抗震、安全和环境影响分析与风险评估。

(6)确保设计文件的合理性和可行性。

(7)确保采用的变更后试验方法完整有效。

(8)完整列出变更对原系统配置的影响(设备信息、图纸文件等)。

设计文件的编写要求详见《永久变更详细设计管理》(CM－QS－2103)。

设计完成后，变更技术责任工程师须对设计审查人员进行设置。设计文件除须变更技术责任工程师所在科处长审查外,还必须提交实施部门、运行部门、核安全处以及安全分析处等相关专业人员和部门进行审查会签,以确保各方面质量得以控制。

8.2.2 变更物项采购的质量控制

变更物项质量的好坏直接影响变更项目质量。严格控制变更物项质量是变更质量控制的重要环节。

变更物项的采购通常分为公司自行采购和实施承包单位采购两种情况。所采购物项质量应满足有关标准和设计要求,交货期应满足施工及安装进度安排的需要。因此,变更技术责任工程师必须要在采购技术规格书中明确供货范围,明确物项功能/性能要求、试验要求、验收准则、服务范围、服务标准等技术性条款。SPV 设备相关物项的采购技术规范书必须明确质量控制和验收要求。

变更物项采购技术条件确定原则如下。

(1)采购技术条件应满足有关法律法规,特别是核安全法规的要求,满足最终安全分析报告等文件中公司对 NNSA 的承诺。

(2)采购技术条件应保证相关系统和设备按照其规定的安全功能实施,应以系统的原设计文件,如系统设计手册、设备技术规格书、设备运行和维修手册等相关文件为依据,并经现场核实。在上述资料不足时,现场调查取得的技术数据可作为确定技术条件的依据,以保持原设备所具有的技术参数、性能、功能特性和质量水平。

(3)设备选型遵循同一性和统一性原则,同类型机组应尽可能保持一致,同原系统应保持接口、设备选型的一致性。

(4)需尽可能选用经过使用验证、成熟可靠的产品。

8.2.3 变更施工质量控制

施工阶段是变更设计最终实现的阶段,也是最终形成变更项目质量的过程。变更施工质量控制通常划分为三个环节,即施工准备质量控制、施工过程质量控制以及投用检查质量控制。

1. 施工准备质量控制

施工准备质量控制是指正式实施变更项目前对各项准备工作及影响质量的各因素进行控制,这是确保施工质量的先决条件。

首先变更技术责任工程师要做好技术交底工作。变更技术责任工程师负责组织召开变更项目的技术交底会,变更施工负责人、专业协调员、运行人员、实施单位必须参加技术交底会;如果变更项目涉及消防、保卫、辐射防护、化学控制、土建、维修支持等领域,还需要相应领域的人员参加技术交底会。如有必要,变更技术责任工程师还需要组织与会人员到现场进行确认和勘查。

技术交底的目的是使施工责任工程师充分了解变更项目的目的、特点、设计原则和质量要求。变更技术责任工程师要督促施工责任工程师做好设计文件及图纸核对审核工作,避免出现图纸和文件差错,以确保项目施工质量。

技术交底后，变更施工负责人准备变更项目实施质量计划、施工方案，同时完成变更施工工作包的准备。变更实施责任处室负责质量计划、施工方案的编制和审批，变更技术责任工程师选取变更实施中质量计划技术控制的选点，变更施工负责人选取变更实施中质量计划过程控制的选点。

2. 施工过程质量控制

在完成变更项目文件和材料方面的准备后，由变更实施责任处室执行现场实施，变更技术责任工程师负责实施中质量计划技术控制点见证和现场施工期间的技术支持。如果现场实施过程中，发现设计或施工问题，实施单位应停止现场工作，填写施工问题单，变更技术责任工程师及时解决施工现场的技术问题，处理施工问题单，确保变更项目实施过程质量受控。

3. 投用检查质量控制

变更项目现场实施完成以后，在投用前须对其功能（部分或全部）和可投用的条件进行确认。

投用检查包括现场工作检查、变更后试验检查以及变更后技术文件和数据修改检查。检查的内容包括变更与设计方案的一致性、变更的完整性、施工的规范性，以及变更涉及的文件（尤其是运行相关文件）、设备和备件信息等数据是否修改完全。

变更后技术文件和数据修改检查是保证变更闭环管理的关键。

运行相关文件是系统设备运行直接需要使用的文件，投用检查时必须对这类文件的状态进行核实确认，确保运行和技术人员所使用的文件是变更后更新过的文件。文件检查重点为变更涉及的运行直接相关文件，包括运行规程/运行手册、运行事故规程/应急规程、报警手册/报警卡、系统流程图/运行流程图、电气一次图/电气负荷清单、逻辑图、模拟图/电缆仪表图（SAMA 图，M310 适用）、整定值手册等文件。以秦二厂 500 kV 开关站线路计量电压互感器（PT）改造项目为例，此项变更涉及运行规程/运行手册和电气一次图修改，在项目投用检查时需对这些文件的修改情况进行确认，以确保运行和技术人员所使用的文件是变更后更新过的文件。

数据修改检查重点为受变更影响的设备和备件信息修改情况，包括 EAM 系统中设备信息修改、物料主数据平台中物料主数据（备件信息）修改等内容。涉及需冻结原备件采购的，需确认是否已在物料主数据平台申请该备件的冻结采购；涉及新增或减少 SPV 设备的，需确认是否已进入 SPV 设备清单变动流程。

变更后具体检查内容详见变更后投用检查单。变更技术责任工程师根据变更涉及的实际工作内容和技术特点，可增加变更后投用检查单中现场检查的条目。技术责任处室须进行技改后系统环境因素、危险源变化和识别提示的相关确认与要求，并落实到变更后投用检查单的具体检查条目中。

变更尾项处理：不影响系统设备投用的变更尾项（如现场施工遗留工作、系统投运后才能实施的试验、小缺陷、文件修改）可列入变更尾项清单。每一个尾项必须明确责任部门和要求关闭时间，并进入相应的管理流程进行跟踪处理（如工单、状态报告），由变更技术责任工程师负责跟踪尾项完成情况。

涉及 SPV 设备的变更,不允许有影响设备功能的遗留项。

8.2.4 变更质量的验证方法

变更质量主要通过变更后试验来进行验证。

永久变更后试验(TP)指变更现场施工完成后,为了验证系统、设备的安装(包括拆除)质量,以及变更后是否能满足变更预期功能要求而进行的各种有计划的技术状态检查、参数核对和性能证实活动。变更后试验可以是对鉴定对象进行操作来直接验证,也可以是根据技术要求对鉴定对象进行测量、检查、核对记录等。

每个变更项目进行现场实施后,都需要进行变更后试验。永久变更后试验工作需按《永久变更后试验管理》(CM－QS－2105)相关要求开展。

试验过程中出现异常情况,必须停止试验,将设备置于安全状态,对可能的故障进行分析和处理,完毕后方可继续或重新进行试验。

试验过程中或试验后(经过在线调整),试验结果不能满足验收标准,即永久变更后试验不合格,则必须在变更后试验程序 8.0 中给出后续行动事项。

根据问题的性质由变更技术责任工程师确定是否返工。如果变更技术责任工程师选择不返工,则由工作负责人填写永久变更施工问题单报告试验中的问题,变更技术责任工程师进行确认。

如果永久变更施工问题单确定不需要返工,则永久变更后试验通过,但要在工作报告中如实记录。同时,工作报告中必须记录永久变更施工问题单编号。

如需返工,则由负责永久变更实施的工作负责人重新开票处理,返修后重新进行永久变更后试验。

第9章　永久变更后试验

9.1　永久变更后试验目的

变更现场施工完成后，为了验证系统、设备的安装（包括拆除）质量，以及变更后是否能满足变更预期功能要求，变更责任工程师应该依照管理程序要求开展永久变更后试验。试验内容主要涉及技术状态检查、参数核对和性能证实等活动。

9.2　永久变更后试验方式

变更后试验可以是对鉴定对象进行操作来直接验证，也可以是根据技术要求对鉴定对象进行测量、检查、核对记录等。原则上，变更后试验工作需要编制变更后试验程序。因条件限制无法开展变更后试验时，可以采用设备的维修后试验或定期试验规程来代替，或直接进行投用验证，但需要在详细设计文件中明确变更后试验的方法并列出相关的执行文件。

9.3 永久变更后试验程序准备流程简介

永久变更后试验程序准备流程如图9－1所示。

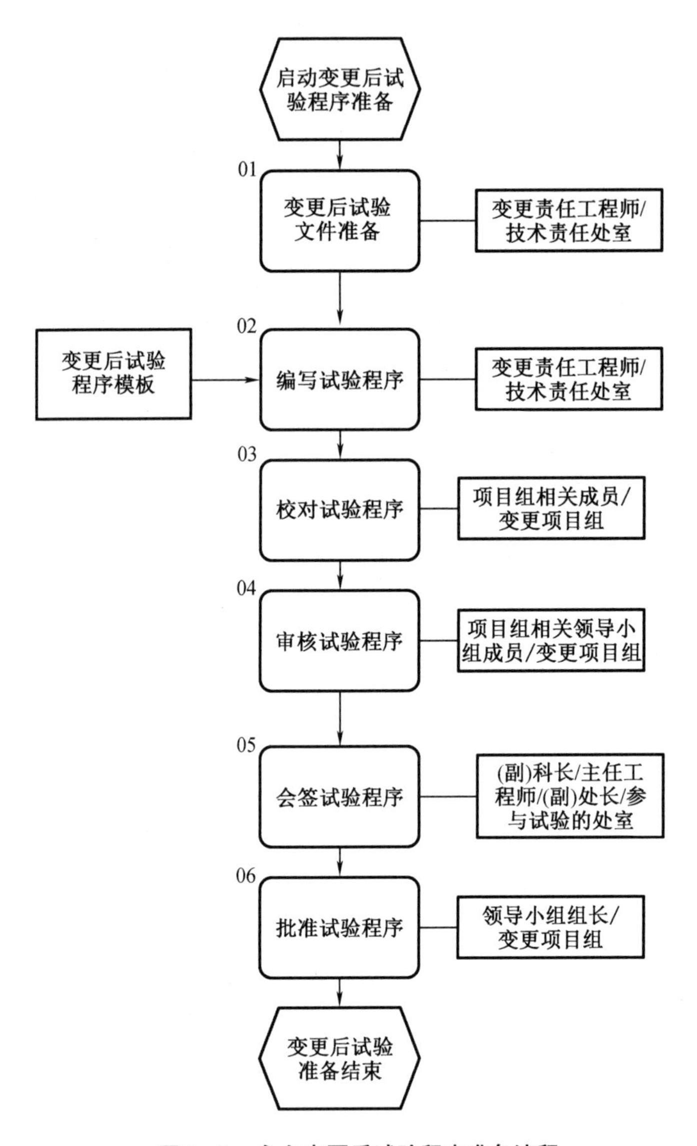

图9－1 永久变更后试验程序准备流程

9.4 永久变更后试验执行流程简介

永久变更后试验执行流程如图 9－2 所示。

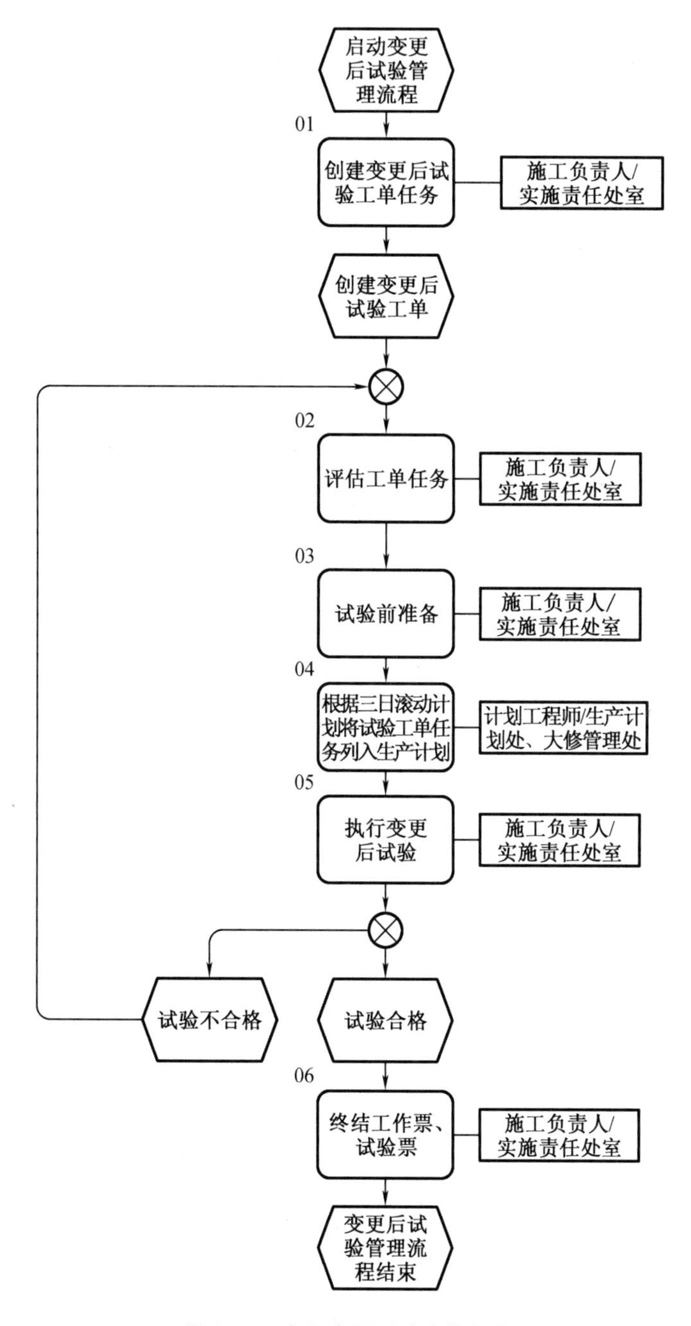

图 9－2 永久变更后试验执行流程

9.5 永久变更后试验相关要求

(1)每个变更项目进行现场实施后,都需要进行变更后试验。

(2)变更后试验只为验证本次永久变更工作范围内系统或设备的可运行性和满足设计的要求,同时不影响与其接口系统、设备的功能实现。试验范围要完整。如条件允许,原则上试验范围必须覆盖所有可能的运行工况。

(3)在编制变更后试验程序时,涉及的设备须进行风险识别和管控,具体依据管理程序《关键敏感设备管理》(EQ－QS－120)的规定和要求执行。

(4)对于涉及在主控室增加设备、标识等人因(包括人机接口)工程的项目,变更后试验中须对人因有关的特性进行验证和确认(包括使用模拟机),通过检查和客观证据确认整个人机接口系统(包括用户)能成功执行预期功能,并在预期运行的工况下实现其目标。

(5)变更后试验程序,原则上需要参与永久变更后试验的处室会签。变更后试验文件的编写和审批在信息系统中进行。批准后的变更后试验程序,由文档管理处发布到相应的信息系统,供公司各部门查阅使用。

(6)作为监督部门的核安全处和安全质量处,对所有工作都有监督的权利,可以根据需要参加某一级别的见证。

(7)变更后试验程序的使用等级,依据《技术文件编制管理》(CM－QS－3001)的规定和要求确定。

9.6 永久变更后试验的实施

一般由变更施工负责人根据变更后试验程序进行永久变更后试验,并记录相应的数据。相关人员进行试验见证,变更责任工程师负责在试验过程中提供技术支持,并判定试验成功与否。对于SPV相关的变更后试验,试验相关人员应按照要求对试验风险进行严格管控。

9.7 永久变更后试验中发现的问题的处理

试验过程中,出现异常情况,必须停止试验,将设备置于安全状态,对可能的故障进行分析和处理,完毕后方可继续或重新进行试验。

试验过程中或试验后(经过在线调整),试验结果不能满足验收标准,即永久变更后试验不合格,则必须在变更后试验程序中给出后续行动事项。

根据问题的性质由变更责任工程师确定是否返工。如果变更责任工程师选择不返工,则由工作负责人提出永久变更施工问题单报告试验中的问题,变更责任工程师进行确认。

如果永久变更施工问题单确定不需要返工,则永久变更后试验通过,但要在工作报告中如实记录。同时,工作报告中必须记录永久变更施工问题单编号。

如需返工,则由负责永久变更实施的工作负责人重新开票处理,返修后重新进行永久变更后试验。

第10章　变更相关文件信息修改

10.1　配置信息修改

根据法规要求，在配置修改实施后，必须在恢复运行以前更新核动力厂运行所必需的全部相关文件（特别是值班运行人员的文件）。

为确保核电厂安全、可靠及经济运行，营运单位通过配置管理活动，确保核电厂设计基准、技术文件、核电厂实体配置满足标准和监管要求。全体人员须在配置管理相关活动中注意以下事项。

（1）核电厂的设计文件及电厂状态控制符合相应的设计基准。

（2）核电厂 SSC 配置满足设计文件要求。

（3）记录文件准确反映电厂实体配置，图纸、程序、数据库及时匹配现场修改。

（4）严格控制对设计基准、设计文件、实体配置的修改，并保证三者间的一致性。

根据配置管理要求，通过永久变更对实体配置进行修改后，需要同步修改核电厂的设计文件，以维持设计基准、设计文件、实体配置三者间的"动态"一致性。

10.2　详细设计阶段的相关文件信息修改

详细设计文件生效发布后，变更责任工程师向相关责任处室提交文件修改通知单，通知相关处室及时识别和修改受变更影响的文件。投用检查时生效生产相关技术文件，关闭时生效全部技术文件。设备管理部门在详细设计文件生效发布后应同步开展受影响的设备清单识别，及时建立更新设备台账，包括但不限于设备信息、设备 BOM 维护更新等。

变更影响的配置文件主要分为如下几类。

10.2.1　变更影响的设备清单

变更项目可能涉及需要修改的设备数据，修改的形式包括三种：新增、删除、修改（设备数据内容修改）。变更影响的设备清单见表10－1。如变更涉及新增设备，或涉及已有设备的设备分级改变，则需要走设备分级流程确定设备分级信息。

表 10－1 变更影响的设备清单

序号	设备编码	设备名称	系统名称	设备分级	修改类型	制作标牌	新增 BOM
					新增	是□ 否□	是□ 否□
					删除	是□ 否□	是□ 否□
					修改	是□ 否□	是□ 否□

10.2.2 变更影响的技术文件清单及标识

在表 10－2 中，请勾选变更影响的文件，并填写文件编码、文件名称及文件的责任处室。技术文件的修改标识，扫描成 PDF 文件后作为附件插入对应的备注栏中。

表 10－2 变更影响的技术文件清单

序号	文件名称	是否适用	文件编码	文件名称	责任处室	备注
	设计/系统手册	是□ 否□				
	设计/系统流程图	是□ 否□				
	厂房设备布置图	是□ 否□				
	电气图	是□ 否□				
	接线图	是□ 否□				
	逻辑图	是□ 否□				
	模拟图	是□ 否□				
	轴测图	是□ 否□				
	装配图	是□ 否□				
	建筑结构图	是□ 否□				
	定值手册	是□ 否□				
	管线布置图（含地下）	是□ 否□				
	失效分析报告	是□ 否□				
	定期试验清单	是□ 否□				
	其他文件	是□ 否□				

10.2.3 变更影响的设备文件清单（表 10－3）

表 10－3 变更影响的设备文件清单

序号	文件名称	是否适用	文件编码	文件名称	责任处室
	预防性维修大纲	是□ 否□			
	预防性维修项目数据库	是□ 否□			

表 10－3(续)

序号	文件名称	是否适用	文件编码	文件名称	责任处室
	预防性维修模板工单标准领料(备件)清单	是□　否□			
	关键敏感设备 SPV 清单	是□　否□			
	维修后试验程序	是□　否□			
	防腐大纲/程序	是□　否□			
	在役检查大纲/程序	是□　否□			
	设备信息数据库	是□　否□			
	物料主数据	是□　否□			
	其他文件	是□　否□			

10.2.4　变更影响的运行文件清单(表 10－4)

表 10－4　变更影响的运行文件清单

序号	文件名称	是否适用	文件编码	文件名称	责任处室
	运行手册	是□　否□			
	运行流程图	是□　否□			
	定期试验程序	是□　否□			
	综合运行规程	是□　否□			
	应急运行规程	是□　否□			
	培训教材	是□　否□			
	其他运行文件	是□　否□			

10.2.5　变更影响的维修文件清单(表 10－5)

表 10－5　变更影响的维修文件清单

序号	文件名称	是否适用	文件编码	文件名称	责任处室
	维修大纲	是□　否□			
	维修规程	是□　否□			
	维修标准操作票	是□　否□			
	其他维修文件	是□　否□			

10.2.6 变更影响的其他文件清单(表10-6)

表10-6 变更影响的其他文件清单

序号	文件名称	是否适用	文件编码	文件名称	责任处室
	最终安全分析报告	是□ 否□			
	运行技术规格书	是□ 否□			
	模拟机相关文件	是□ 否□			
	环境影响报告书	是□ 否□			
	换料大纲	是□ 否□			
	质量保证大纲	是□ 否□			
	场内核事故应急预案	是□ 否□			
	操纵人员培训大纲	是□ 否□			
	运行岗位人员培训大纲	是□ 否□			

识别出来的受影响文件清单,如果根据职责分工需要其他部门负责进行修改升版,则由变更责任部门提交文件修改通知单给文件修改责任处室,通过文件修改通知单进行影响文件清单的正式确认和修改闭环控制。

10.3 投用检查阶段的相关文件信息修改

投用检查阶段的相关文件信息修改见表10-7。

表10-7 投用检查阶段的相关文件信息修改

变更影响的文件修改情况检查(是、N/A必选其一)			
以下运行直接相关文件是否已修改(序号1~5由运行部门负责填写)			
序号	文件编号	文件类型	是否已修改
1		运行规程/运行手册	是□ N/A□
2		运行事故规程/应急规程	是□ N/A□
3		报警手册/报警卡	是□ N/A□
4		系统流程图/运行流程图	是□ N/A□
5		电气一次图/电气负荷清单	是□ N/A□
序号6~8由技术部门负责填写,不将这类文件作为运行文件管理的核电厂可选N/A			
6		逻辑图	是□ N/A□
7		模拟图/SAMA图(M310适用)	是□ N/A□
8		整定值手册	是□ N/A□

表 10－7(续)

其他非运行直接相关的文件修改通知单已发出		是□　N/A□
变更影响的设备和备件信息(数据)修改情况检查(是、N/A 必选其一)		
9	是否已在系统中申请因变更引起的设备信息(包括 BOM)修改	是□　N/A□
10	是否已在物料主数据平台申请因变更引起的物料主数据(备件信息)的修改	是□　N/A□
11	变更后须冻结原备件采购的,是否已在物料主数据平台申请该备件的冻结采购	是□　N/A□
12	变更新增或减少 SPV 设备的,确认是否已进入 SPV 设备清单变动流程	是□　N/A□

在投用检查阶段,运行直接相关文件是系统设备运行直接需要使用的文件,投用检查时必须对这类文件的状态进行核实确认,确保工作人员所使用的文件是变更后更新过的文件。投用检查确认的内容如下。

(1)文件修改通知单已签字返回,支持系统/设备投运的运行直接相关文件已修改完成。

(2)变更后系统中的设备信息和 ERP 中的备件信息数据已进入修改流程;设备和备件的信息数据修改应至少包括型号、主要技术参数、最大最小库存量、预防性维修(PM)设置、设备管理责任处室、设备管理工程师、维修责任处室、管辖责任处室等关键信息。

(3)涉及 SPV 设备增减的变更,SPV 清单需进入调整流程。

10.4　配置信息修改

投用检查完成后,相关人员须进行配置信息的正式修改发布,并在关闭评价文件中,对配置信息修改内容进行逐项勾选确认(表 10－8)。

表 10－8　配置信息修改

序号	评价内容	评价结果
1	变更影响的运行文件(技术规范、图纸、规程等)是否已修改	是□　否□　N/A□
2	变更影响的技术文件(大纲、图纸、规程等)是否已修改	是□　否□　N/A□
3	变更影响的维修文件(大纲、图纸、规程等)是否已修改	是□　否□　N/A□
4	变更影响的维修模板工单标准领料(备件)清单是否已修改	是□　否□　N/A□
5	软件或组态变更,变更后的备份是否已按要求存档	是□　否□　N/A□
6	控制逻辑、主控人机界面等变更,模拟机是否修改或进入流程	是□　否□　N/A□
7	增、减 SPV 设备的变更,是否已按 SPV 管理要求完成 SPV 变动	是□　否□　N/A□

表 10 -8(续)

序号	评价内容	评价结果
8	变更影响的设备信息(包括 BOM)是否已修改	是□ 否□ N/A□
9	变更影响的物料(备件)主数据是否已修改	是□ 否□ N/A□
10	变更(或替代)前的备件是否已冻结采购或修改限额	是□ 否□ N/A□
11	变更(或替代)前的备件如有在途但已不需要,采购申请是否已取消	是□ 否□ N/A□
12	变更(或替代)拆除的现场设备处置申请是否已完成处室内部审批	是□ 否□ N/A□
13	变更(或替代)设备的库存备件处置申请是否已完成处室内部审批	是□ 否□ N/A□
14	变更专项采购的剩余物资处置申请是否已完成处室内部审批	是□ 否□ N/A□

10.5 变更关闭审查阶段

在变更关闭审查阶段,变更管理部门对变更影响配置信息修改的完整性进行独立确认,对照详细设计中识别出来的受影响文件清单和文件修改通知单中正式确认的文件清单,逐一核对是否已完成修改升版。

第11章 变更投用检查及验收评价

11.1 相关定义

投用检查:永久变更项目现场实施完成以后,在投用前对其功能(部分或全部)和可投用的条件进行确认。

验收评价:对某一项永久变更的项目管理过程和实施效果进行全面评价并形成结论的活动。

11.2 永久变更投用检查

变更现场实施工作完成后2个工作日内,实施责任工程师应通知变更责任工程师组织投用检查。

11.2.1 变更投用检查条件

(1)投用检查的相关现场实施工作已完成。

(2)相关工作票已完结,相关工单已完成。

(3)相关的变更后试验已完成并符合试验要求。

(4)支持系统/设备投用的运行文件已经修改完成。

(5)支持系统/设备投用的技术文件和信息数据已进入修改流程。

(6)现场设备标牌已完成。

11.2.2 变更投用检查组织方式

投用检查条件满足后,变更责任工程师通知相关处室工程师参与检查,参与检查的处室至少应包括系统设备的运行、维修和设备管理处室。当涉及消防、工业安全等其他专业时,变更责任工程师应通知相关专业工程师参与投用检查。

变更项目可一次完成投用检查,也可根据现场实施情况分专业、分阶段、分区域多次完成投用检查。

11.2.3 变更投用检查流程

变更投用检查流程如图11－1所示。

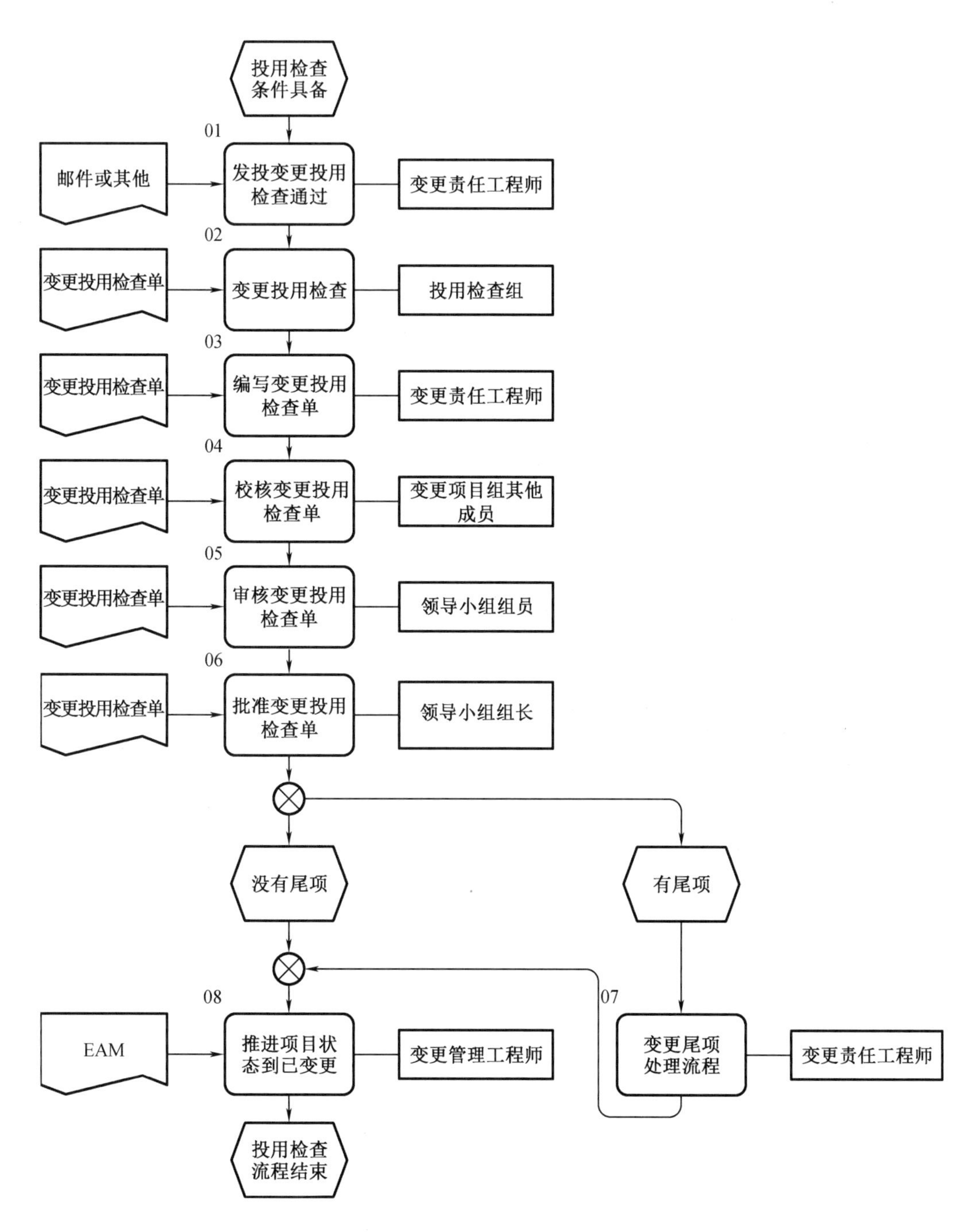

图11－1 变更投用检查流程

11.3 永久变更验收评价

永久变更现场投用检查后，实施责任处室施工负责人根据《工作包管理》（MA－QS－2101）要求，收集整理变更完工文件包，在项目投用检查完成后的一个月内，通过处室移交给技术责任处室并做好移交记录（技术和实施责任为同一处室的项目在完成验收评价关闭后再移交变更管理科）。分阶段实施的变更项目、涉及多个专业的变更项目，施工负责人需汇总变更完工文件后移交。

变更责任工程师需要及时开展永久变更项目的验收评价、关闭和推广等活动。

11.3.1 变更验收评价关闭总体要求

（1）所有变更项目（包括物项替代），均须进行验收评价后关闭。

（2）分阶段实施的变更项目，须在项目全部实施完成后评价关闭。

（3）变更项目实施完成后，应及时开展相关影响的设备评估，对于拆除设备、库存开展技术鉴定，发起处置流程。

（4）上报 NNSA 批准的永久变更项目的评价报告要求在实施完成一个月内报 NNSA，相关管理要求按《核设施安全许可证管理》（NS－QS－110）执行。

（5）当评价结果为不合格，变更项目不能关闭，变更责任工程师应重新编制设计方案并开展下一轮的实施准备、实施、试验、投用检查工作。

（6）当评价结果存在遗留项时，变更责任工程师须确认该遗留项是否进入纠正性维修或其他变更流程中予以处理，经评估后可以关闭。对于遗留项而未整改完成的项目不予关闭。

（7）对于评价后需要推广的变更项目，变更责任工程师须在报告中完整描述建议推广的范围。

（8）《永久变更关闭包》批准发布后，变更责任工程师打印该文件并附上实施部门的完工文件，提交变更管理科审查，审查合格后提交文档管理处归档。

11.3.2 变更验收评价关闭具体要求

变更项目的验收评价内容应包括对变更实施过程评价和变更后效果评价。

变更实施过程评价包括如下内容。

（1）变更项目是否按进度计划实施。

（2）变更项目的投资是否控制在预算范围内。

（3）变更涉及的文件及数据是否得到及时修改。

（4）变更后设备的备件信息修改是否已完成。

（5）变更前设备的备件是否须冻结采购，是否须报废，是否须调整定额。

（6）变更后剩余物资的处置流程是否已完成技术责任处室内部审批。

（7）增减 SPV 设备的变更，已按 SPV 管理要求完成 SPV 变动。

变更后效果评价包括如下内容。

（1）变更实施后是否达到设计预期的效果。

(2)变更实施后是否产生新的原先未预料的问题。

(3) 变更新增或替代后的设备的可靠性是否满足要求。

(4)是否可以推广实施并建议推广范围。

(5)变更后是否有遗留问题。

11.3.3 变更验收评价流程

变更验收评价流程如图 11 -2 所示。

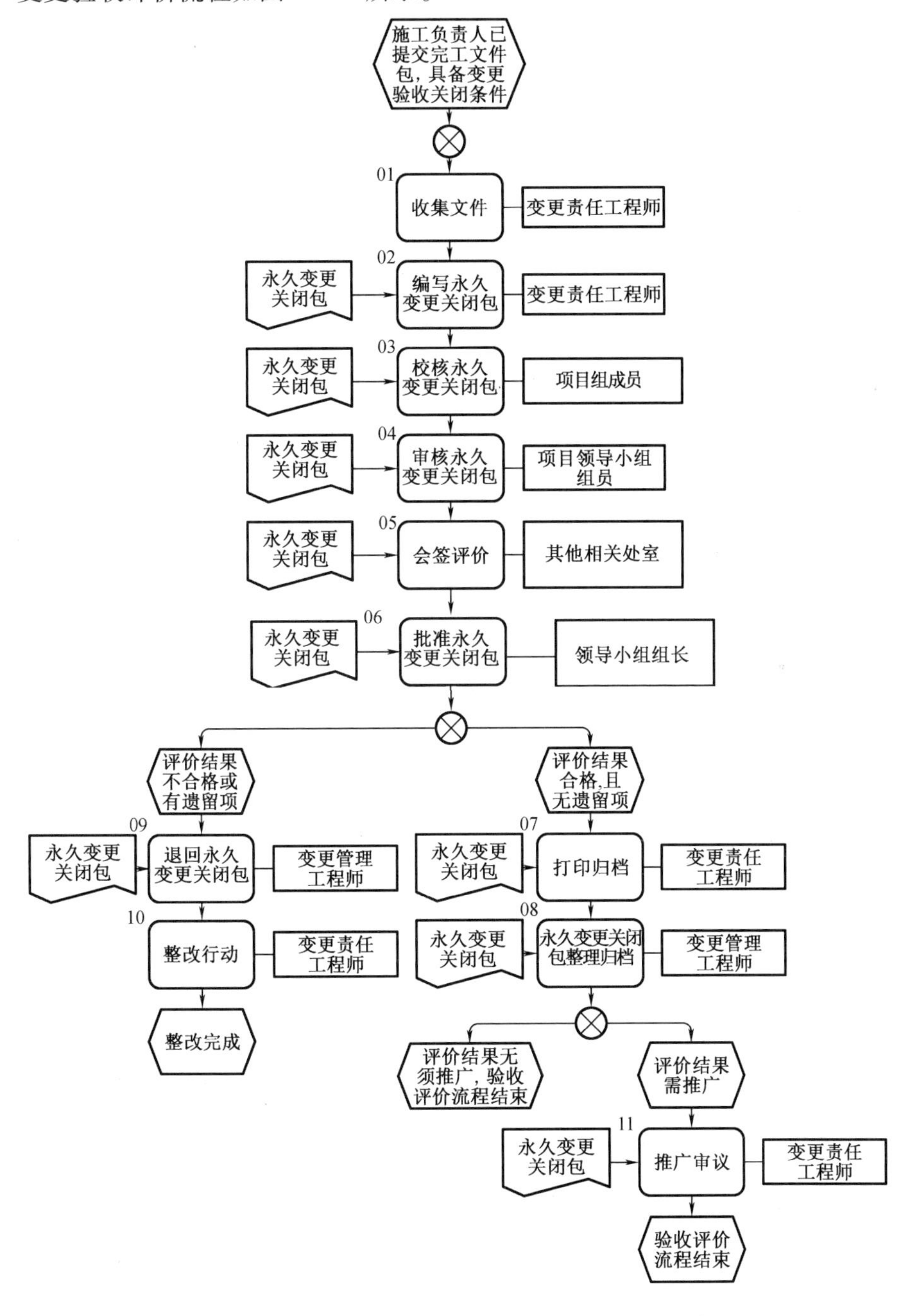

图 11 -2 变更验收评价流程

第12章 临时变更流程

12.1 临时变更流程概述

临时变更项目实行电子化流程。临时变更流程主要功能包括临时变更申请流程、临时变更审查批准流程、临时变更设计审批流程、临时变更实施准备及实施流程、临时变更验收流程、临时变更定期审查流程、临时变更延期流程、临时变更转永久变更/物项替代流程以及临时变更拆除及关闭流程。

12.2 定义、责任与总体要求及规定

12.2.1 定义

临时变更:只实施一段有限时间的变更,如临时旁路、跨接跳线、导线拆除、临时设定的停堆整定值、临时法兰盲板和临时取消连锁等。这类变更还应该包括临时的用于维持核电厂在紧急状态或者其他非计划情况下的设计基准配置的临时构筑物和设施。在某些情况下,临时变更可以作为永久变更的过渡阶段。

临时变更申请:对 SSC 提出临时变更建议。

临时变更详细设计:依据临时变更申请,对临时变更范围内 SSC 的具体功能、布置定位尺寸、施工要求、试验方法等开展设计,对临时变更相关 SSC 开展评估,明确影响的设备/文件清单以及施工文件、调试文件、验收文件的准备要求,形成详细技术的方案。

变更后试验:指变更现场施工完成后,为了验证系统、设备的安装(包括拆除)质量,以及变更后是否能满足变更预期功能要求而进行的各种有计划的技术状态检查、参数核对和性能证实活动。变更后试验可以是对鉴定对象进行操作来直接验证,也可以是根据技术要求对鉴定对象进行测量、检查、核对记录等。

临时变更需求处室:即临时变更的申请处室。运行状态临时性改变由设备运行处室提出申请,现场缺陷无备件、设计缺陷、科研产品试用由设备管理处室提出申请,配合维修工作需要有设备维修责任处室提出申请。

临时变更责任工程师:具备工程师及以上专业背景、有项目管理经验、熟悉生产管理系统、负责配置管理全流程控制,协助变更施工负责人完成变更的角色的统称。

临时专用装置(temporary special device,TSD):特指针对 M310 机组中对于所有涉及机

械和电气方面的临时装置或临时修改。

临时控制变更(temporary control alteration,TCA):特指针对M310机组中对于所有涉及保护、控制方面的临时修改。

12.2.2 责任

1. 生产单元厂长

(1)决策是否通过临时变更申请。

(2)负责批准临时变更设计方案。

(3)负责批准临时变更的延期申请。

2. 技术一处、技术二处、技术三处、技术四处

(1)负责对应生产单元临时变更的归口管理。

(2)负责定期组织审查临时变更状态和数据统计。

3. 运行一处、运行二处、运行三处、运行四处、运行五处、燃料操作处

(1)在机组早会上,负责组织对临时变更申请进行受理、审批和任务下达。

(2)参与临时变更设计方案的会审,负责审查临时变更对于机组运行状态、运行负担、系统功能等方面的影响。

(3)负责临时变更相关运行文件临时性修改的编制、审批及临时发布。

(4)参与临时变更实施后验收和拆除后验收。

(5)负责组织紧急的临时变更方案的审批和实施。

(6)负责临时变更项目相关文件在主控室的管理。

(7)负责提供临时变更标识牌。

(8)参与临时变更状态的定期审查。

4. 临时变更需求处室

(1)负责提出临时变更的需求申请。

(2)参与临时变更设计方案的会审,以确定与临时变更需求的一致性。

(3)参与临时变更实施验收和拆除验收。

(4)参与临时变更状态的定期审查。

(5)负责提出临时变更延期申请。

(6)负责提出临时变更的转永久变更申请。

5. 临时变更技术责任处室

(1)负责编制和审查临时变更设计方案。

(2)负责组织临时变更定期审查。

(3)负责组织临时变更实施后验收和拆除后验收。

6. 临时变更实施处室

(1)负责临时变更的实施和拆除。

(2)参与临时变更设计方案的会审,以确定临时变更具有可实施性。

(3)参与临时变更实施验收和拆除验收。

(4)参与临时变更状态的定期审查。

(5)负责紧急临时变更的创建、实施及拆除。

7. 核安全处

(1)参与临时变更设计方案的审查,负责审查临时变更对核安全的影响。

(2)负责与 NNSA 的相关接口工作。

8. 大修管理处

(1)负责大修期间临时变更实施计划管理。

(2)在大修例会上,负责组织对临时变更申请的审批及任务下达。

9. 生产计划处

(1)负责机组日常的临时变更实施计划管理。

(2)在生产管理晚会上,负责组织对临时变更申请的审批及任务下达。

(3)当临时变更涉及电网调度管辖设备时,负责审查并报电网调度批准。

10. 文档管理处

负责临时变更相关生产文件的统一接收、处理、著录、生效发布、分发和电子归档。

12.2.3 总体要求及规定

(1)总体要求:各电厂严格控制临时变更的数量及存续时间,执行《机组绩效指标管理》(PI - QS - 3101)的有关规定。除以下三种情况外,临时变更在现场存续时间期限不能超过机组一个燃料循环:

- 新增临时设备、临时替换部件或设备需要在电厂现场运行条件下考验时间超过一个燃料循环。
- 因设备备件采购原因,在机组大修窗口中无法拆除临时变更,未能将系统设备恢复至变更前状态。
- 在机组一个燃料循环中,因电厂无法排出计划窗口(重大核安全风险或重大经济损失)原因无法拆除,且经过评估长时间存在风险可接受的临时变更。

(2)临时变更的范围:运行机组与生产工艺有关的系统、设备、部件、材料等方面进行的临时性改变,除以下几种情况外,必须申请临时变更:

- 对于 M310 机组大修期间实施的标准 TSD/TCA 按照大修期间标准 TSD/TCA 管理,无须在系统中进行临时变更项目申请及办理验收等,直接按照工作票流程执行。
- 因定期/临时试验、检修检查、特殊运行方式需要而配套采用的保护信号切除、临时性整定值改变、接信号记录仪等临时性措施,如果这些临时性措施的实施和恢复已经包含在相应执行文件的执行步骤中,且该执行文件已按有关管理程序办理了审批手续,则可以不再办理临时变更。
- 对于支持维修活动的临时设施安装/拆除,现场检修相关工作的技术要求及风险分析已在相应的工作程序或工单中体现,且该工作程序或工单已按有关管理程序办理了审批手续,则可以不再办理临时变更。
- 因国家电网等要求修改电厂出线线路保护定值等活动,相关工作的技术要求及风险分析已在相应的工单中体现,不纳入临时变更管理。

- 符合《临时用水、电、气(汽)管理》(OP－QS－470)相关规定的临时用水、电、气(汽)不纳入临时变更管理。

(3)临时变更申请流程(图12－1):根据临时变更需求的类型由对应处室提出临时变更申请,临时变更申请表应尽可能详细、准确地说明申请原因、计划实施/拆除时间要求,以及分析所涉及的相关系统和设备的风险。经处室内部审批完成后进入临时变更审查批准流程。

(4)临时变更审查批准流程(图12－1):临时变更申请表审批完成后,在单元管理晚会、机组生产早会以及大修例会上进行审查,经会议讨论后确定是否同意临时变更申请,并明确临时变更的任务分派和实施计划。各单元管理晚会、生产早会以及大修例会的组织处室通过"生产计划处(公告)""机组早会通报"以及"大修早会信息"等邮件通知下达临时变更工作任务安排。临时变更技术责任处室及时在系统创建临时变更项目后进入临时变更设计审批流程。

在紧急处理电厂机组缺陷情况下,机组运行当班值长应根据机组状态控制和运行操作管理要求,在获得生产厂长同意后有权批准临时变更申请及设计方案,并组织实施该临时变更,以保证机组安全稳定运行。

(5)临时变更设计审批流程(图12－2):临时变更责任工程师负责编制临时变更设计方案,完成所有与临时变更设计相关的技术管理工作,设计内容应包括施工设计说明、施工设计图、设备材料清单等。临时变更责任工程师应到现场核对有关设计的现场信息,并避免与其他已生效临时变更发生冲突。为有效推进临时变更的实施和进度跟踪,临时变更设计方案中必须完整地填写计划实施时间、计划拆除时间等,并明确实施窗口。若是补办临时变更申请,必须根据现场实际情况准确地填写实施工单号、实际实施时间、计划拆除时间等。编写完成的设计方案经对应人员校对、审查、会签后,由生产单元厂长批准后发布,进入实施准备流程。

(6)临时变更实施准备及实施流程(图12－3):临时变更设计方案发布后,由

- 临时变更责任工程师编写变更后试验方案,因条件限制无法开展变更后试验时,可以采用设备的维修后试验或定期试验规程来代替,或直接采用实施验收单验证,但需要在详细设计文件中明确变更后试验的方法并列出相关的执行文件。
- 实施负责人编写施工方案,根据工作内容创建实施除工单,并推动工单完成准备。
- 运行责任处室识别因临时变更所引起运行文件的临时性修改,并完成临时性修改。

上述工作完成后,临时变更完成实施准备进入实施流程,转入日常计划或大修计划排程按照《工作申请管理》(PL－QS－101)实施。

(7)临时变更验收流程(图12－4):临时变更责任工程师负责组织完成临时变更后试验,试验合格后组织实施后的验收,并填写临时变更实施验收表。

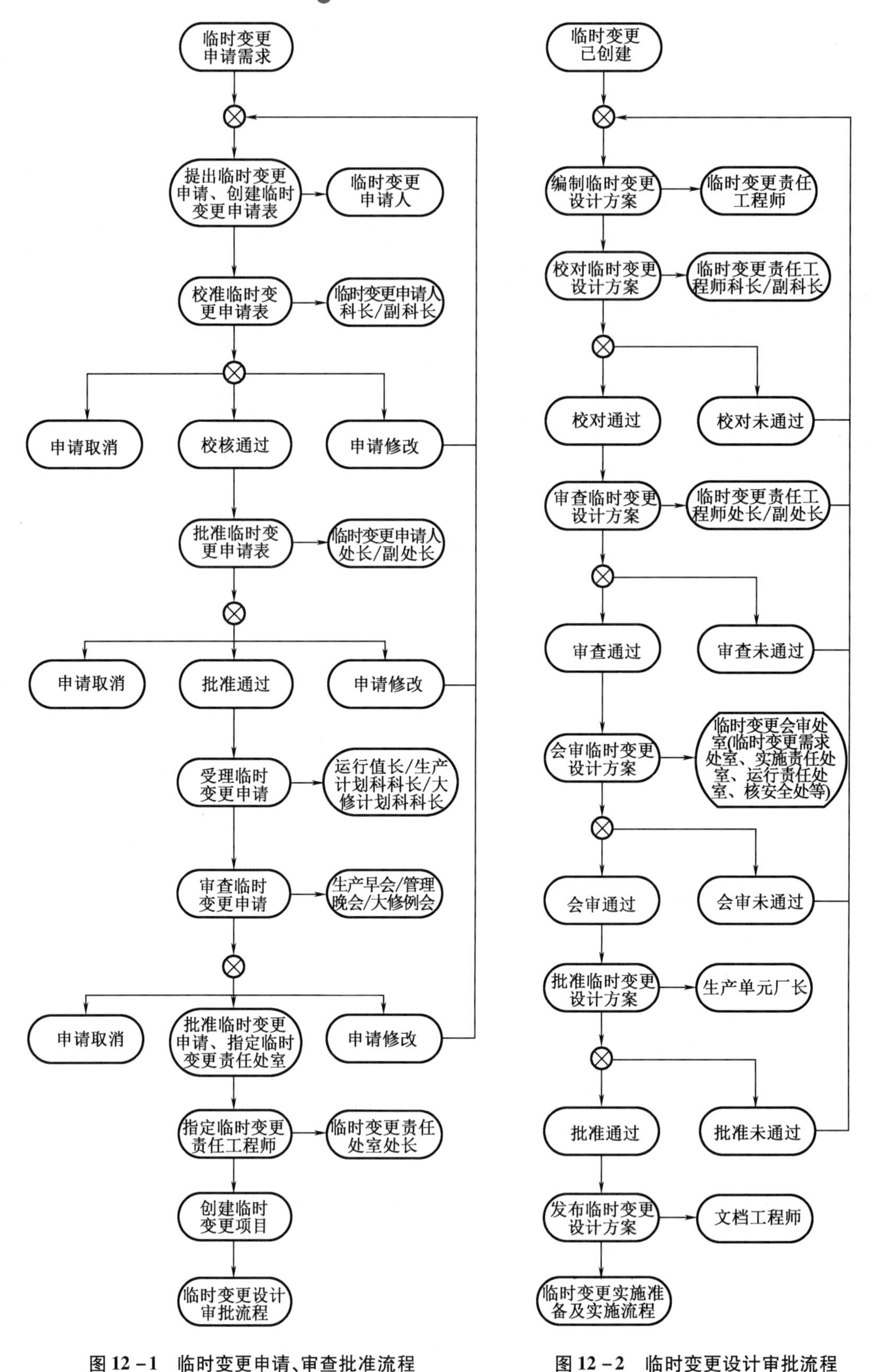

图 12－1　临时变更申请、审查批准流程

图 12－2　临时变更设计审批流程

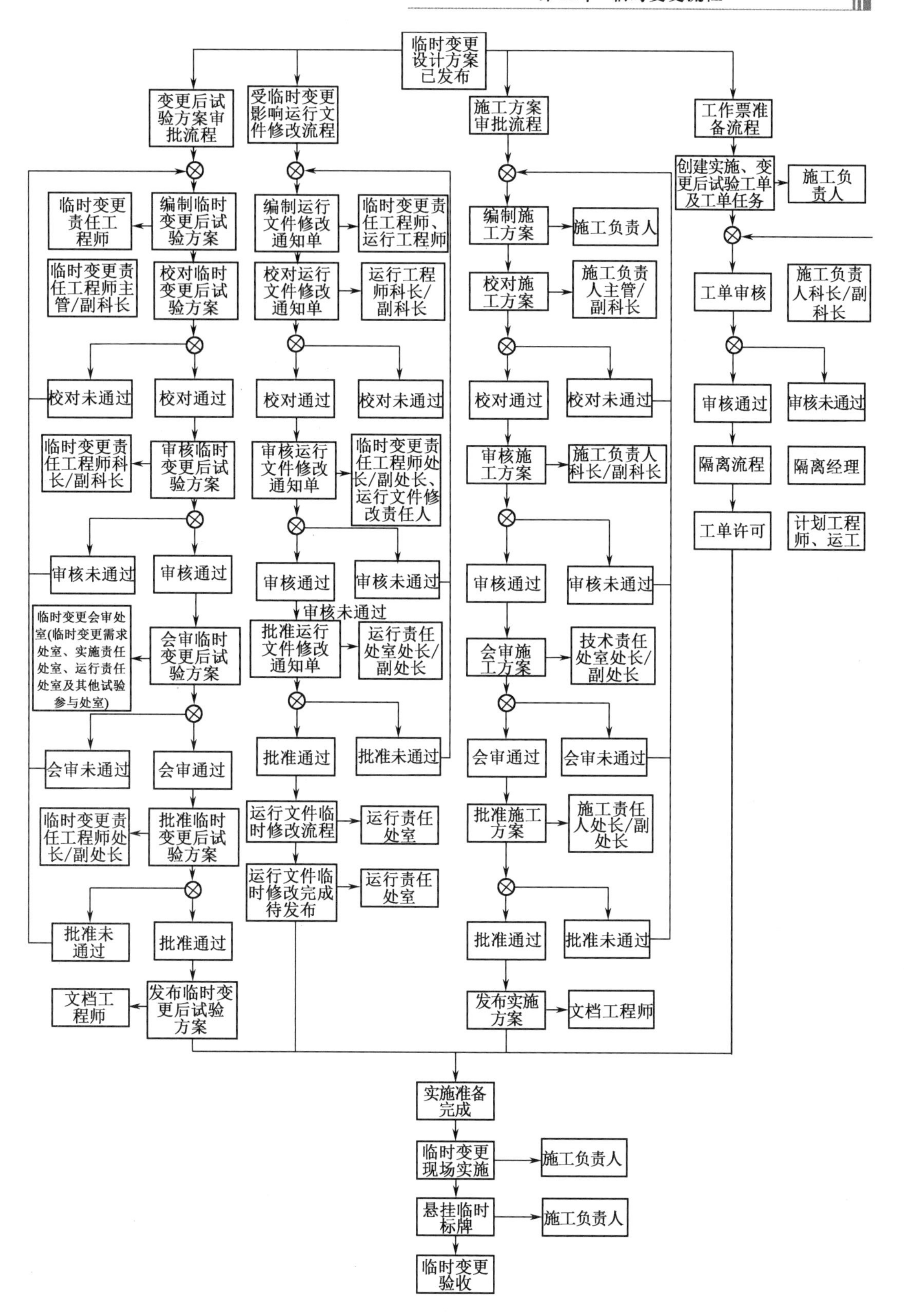

图12-3 临时变更实施准备及实施流程

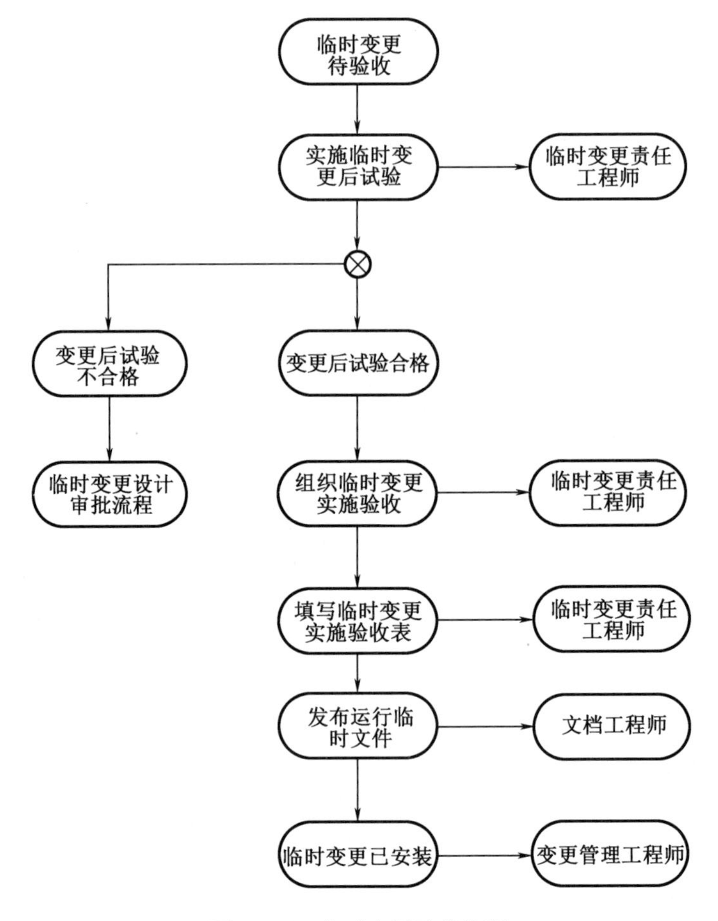

图 12 -4　临时变更验收流程

(8)临时变更定期审查流程(图 12 -5):对于已实施的临时变更必须进行定期审查,定期审查分为以下两种模式,并同时进行:

- 临时变更在现场安装(实施验收合格)后,每月由变更责任工程负责组织对已实施的临时变更进行符合性审查和现场验证,并及时提交临时变更定期审查单。
- 临时变更在现场安装(实施验收合格)后,每月由临时变更归口管理处室在各生产单元十大缺陷与运行决策会上对临时变更进行状态跟踪通报,并根据临时变更需求人提出的延期、转永久以及拆除申请组织会议审查,根据会议决策后进入临时变更延期、转永久以及拆除关闭流程。

(9)临时变更延期流程(图 12 -6):超出或即将超出临时变更计划拆除时间,因各类原因无法按期拆除,需继续保留的临时变更。由临时变更申请人申请,经十大缺陷与运行决策会批准后,进行延期。

(10)临时变更转永久变更/物项替代流程(图 12 -7):当已实施的临时变更需要在现场永久保留,且无须对已实施的方案进行修改时,由临时变更申请人申请,经十大缺陷与运行决策会批准后,批准临时变更转永久变更/物项替代。

(11)临时变更拆除及关闭流程(图 12 -8):当已实施的临时变更已无需求,由临时变更申请人申请，经十大缺陷与运行决策会批准后，进行拆除及关闭流程。

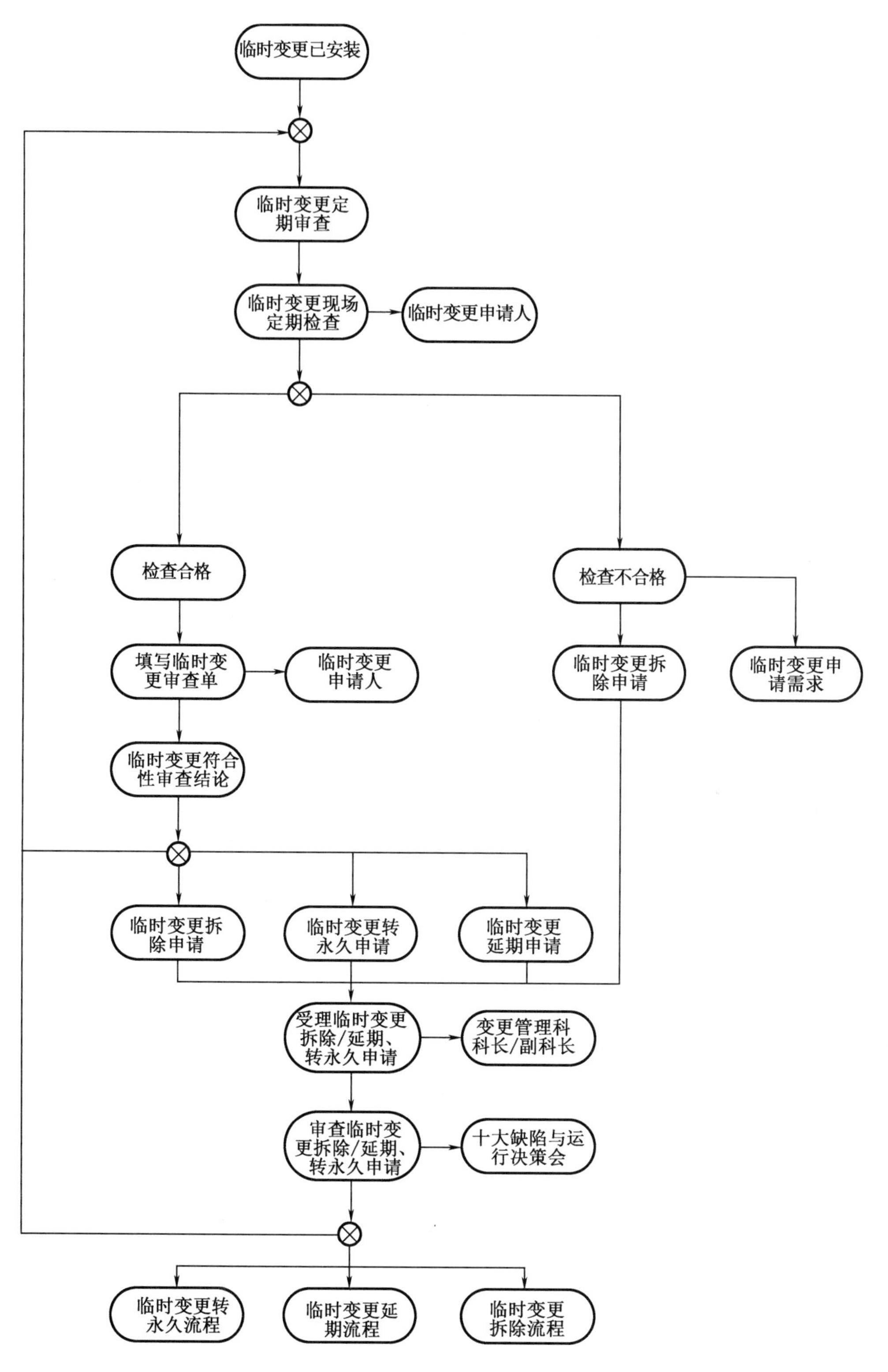

图 12－5　临时变更定期审查流程

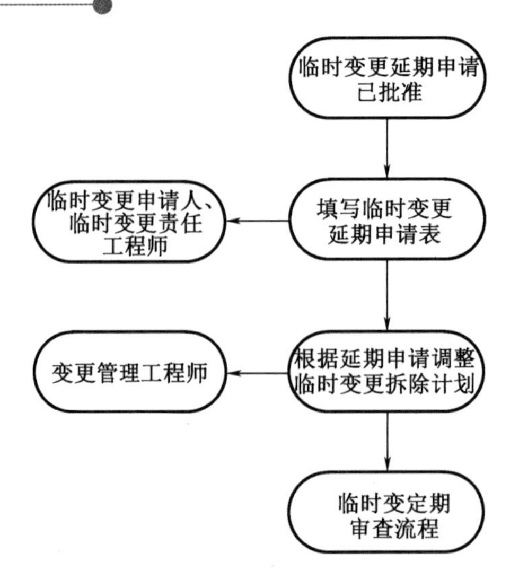

图 12－6　临时变更延期流程

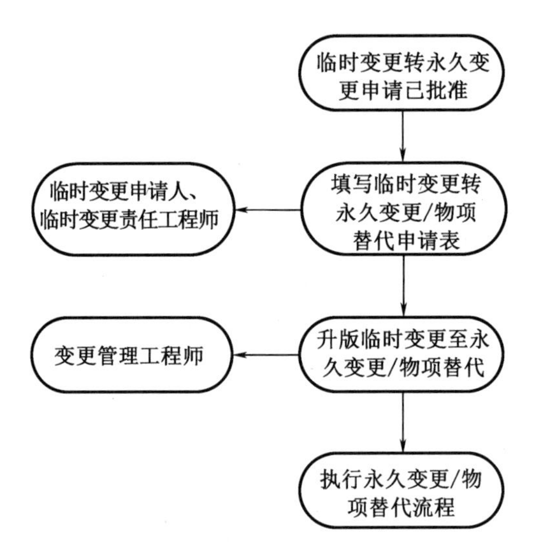

图 12－7　临时变更转永久变更/物项替代流程

(12)其他规定：

- 临时变更不应增加临时 SPV 设备，若不得不增加，应遵守《临时 SPV(关键敏感)设备管理》(EQ－QS－1201)的相关规定。
- 对于涉及在主控室增加设备、标识等人因(包括人机接口)工程的临时变更，变更设计方案及变更后试验中需对人因有关的特性进行验证和确认，通过检查和客观证据确认整个人机接口系统(包括用户)能成功执行预期功能，并在预期运行的工况下实现其目标。

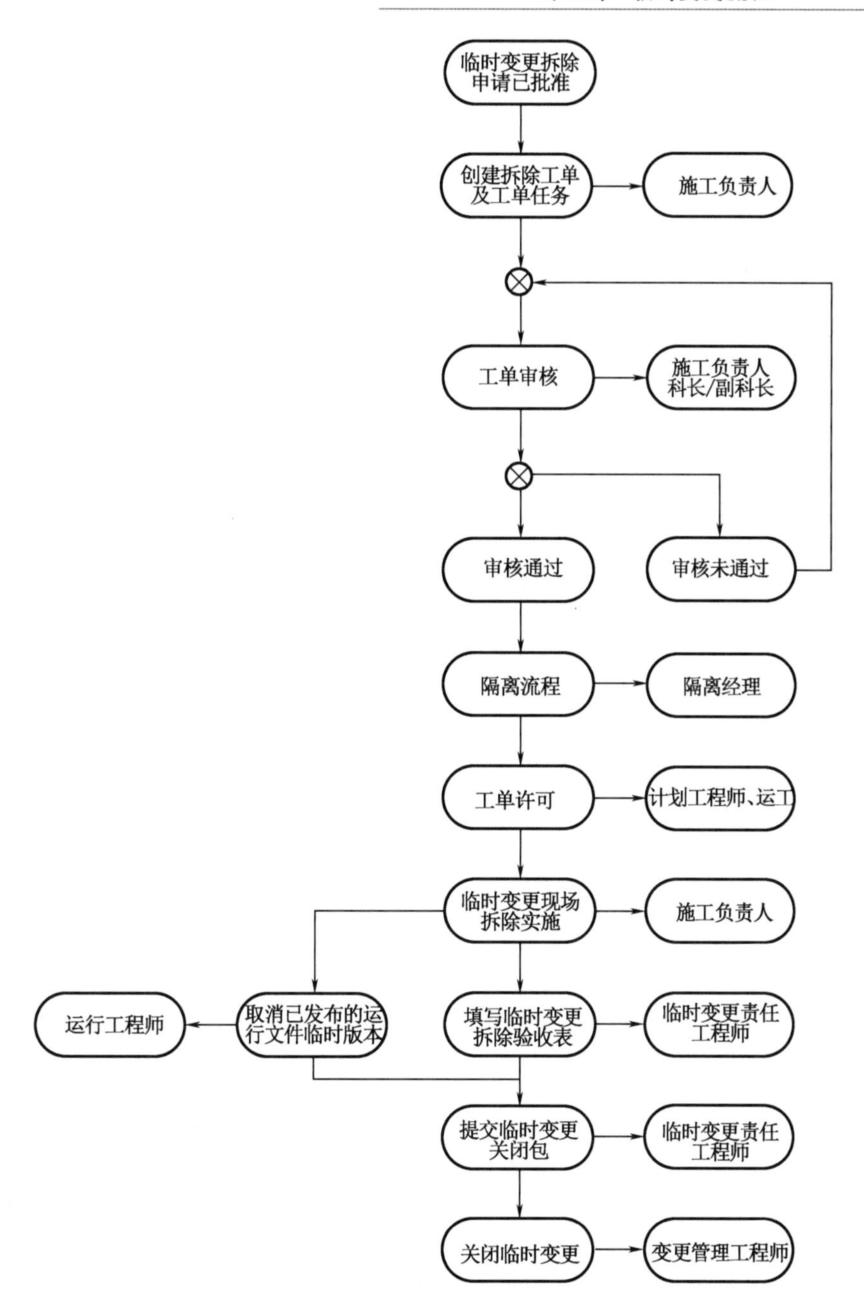

图 12－8　临时变更拆除及关闭流程

第13章　科研流程

13.1　科研项目的主要定义

1. 科研项目

科研项目是指为促进科学发展而进行的新技术、新工艺等的研究开发。

2. 科研项目分类

(1)创新型科研项目:为促进科学发展而进行的新技术、新工艺、国产化替代等研究开发的项目。

(2)应用型科研项目:电厂为解决生产实际首次在现场进行的技术改进的研究开发项目。

3. 项目级别

(1)一级项目:需要报中国核电审批的科研任务,调整、验收等需经过中国核电审查流程。

(2)二级项目:秦山核电组织审查并开展的自主科研项目。

4. 项目类别

(1)个性科研项目:适用于仅在单个生产单元开发,解决生产单元需求的科研项目。

(2)共性科研项目:适用于多个生产单元共同需求并开发,解决公司关键技术或核心能力等开展的科研项目。

5. 科研项目等级

(1)特大科研项目:项目预估经费≥500万人民币。

(2)重大科研项目:项目预估经费≥100万人民币且<500万人民币。

(3)一般科研项目:项目预估经费<100万人民币。

6. 外报项目

外报项目包括集中研发项目、发改委项目、能源局项目、外部下达的其他科技专项项目。凡是涉及申报国家、集团、上级单位的项目,以及获得外部资金支持的项目均属于外报项目。

13.2 创新型科研项目管理流程

1. 项目申报

(1)使用系统进行填报,由项目申请人根据科研策划进行填报,需要明确项目级别、类别、等级、是否属于外报项目、技术目标、技术方案、概算、知识产权策划等内容。

(2)外报项目不得越过科技创新处直接对外申报,除需要经过正常审查流程外,为避免费用缺口或申请费用科目错误,无法使用的问题,申请时需财务及主管领导审核。

2. 项目审查

(1)一般、重大个性项目由电厂技术委员会审查。

(2)特大、共性项目由公司技术委员会审查。

3. 方案及预算申报

(1)审查通过的项目列入公司科研项目库,项目申请人编写实施方案及预算需求,会议纪要作为申报依据。

(2)非科研项目库内的项目不得申请科研预算。

4. 科研过程管理

(1)实施中的科研项目每月5日前反馈项目上月人工工时统计。

(2)实施方案中节点完成日前要求反馈节点支持材料,若无法完成节点或项目目标发生重大变化需要提交调整申请。

5. 第一阶段验收

项目经理在科研开发任务完成2个月内,提出第一阶段验收申请,管理单位接收报告后15个工作日内完成形式审查,并于2个月内组织完成项目第一阶段验收,验收重点为技术指标的完成情况。

6. 最终验收

(1)项目经理在科研应用任务完成2个月内,提出最终验收申请,验收分为文档验收、财务验收、技术验收。管理单位接收验收申请后15个工作日内完成形式审查,并于2个月内组织完成项目最终验收,项目的节点、技术指标、专利指标、论文指标、资料归档完成情况、经费使用情况等将作为最终验收的重点考核指标。

(2)最终验收要有要求数量的论文和专利授权号(或专利受理号)。

(3)为避免外部机构对公司科研考核造成负面影响,对于外报项目的最终验收,要求项目组核对下达文件或任务书的要求,在厂内提前通知科研管理处室组织进行预检查或者预验收。一般情况下需要注意以下内容。

①文档需要提前归类汇总。

②项目组需核实费用是否按照任务书要求执行,除总额完成外,项目科目使用也应符合要求。

③技术指标是否达到任务书规定目标。

7. 项目收尾

(1)项目验收后申请人应按照固定资产管理和无形资产管理的要求整理资产交付单。

(2)项目申请人应及时归档所有项目相关材料,避免工作交接导致项目资料遗失。

13.3　应用型科研项目管理流程

1. 项目申请和审查

参照永久变更项目申请和审查的要求,申请人向各电厂技术处提交申请,由各电厂技术处接收并组织审查。

2. 预算申报

(1)批准通过的项目,要求附纪要或审查意见才可申请科研开发类的项目预算。

(2)作为应用型科研项目申报时,需要按照创新型科研项目的概算要求区分项目经费组成,并做好经费归集。

3. 过程管理和验收要求

(1)由各电厂技术处对项目进行管理。

(2)验收要求除参照永久变更项目外,项目申请人还需要提供至少一篇论文或一项专利授权号(或专利受理号)。

第14章 成果申报

14.1 论文编写

科技论文是某一科学课题在实验性、理论性或观测性上具有新的科学研究成果或创新见解和知识的科学记录;或是某种已知原理应用于实际中取得新进展的科学总结,用以提供学术会议上宣读或讨论,或在学术刊物上发表,或作其他用途的书面文件。科技论文应提供新的科技信息,其内容应有所发展、有所发明、有所创造、有所前进,而不是重复、模仿、抄袭前人工作。

14.2 科技论文审查流程

论文作者在对外发表论文之前,必须按程序流程通过本(部门)处室审查、公司保密办审查和科技创新处审查。

科技论文审查流程如图14-1所示。

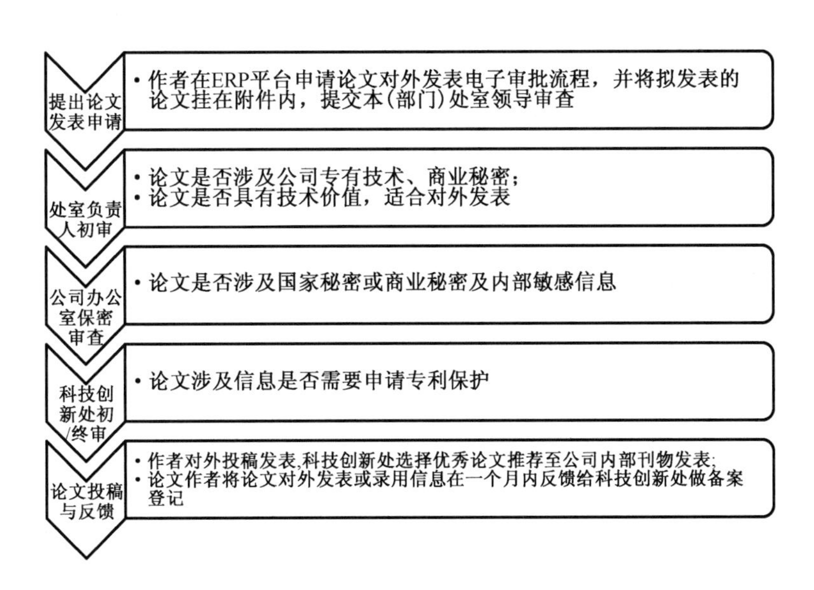

图14-1 科技论文审查流程

14.2.1 科技论文作者提出论文发表申请

论文作者在ERP平台申请的路径:科研项目管理中台→科研信息库管理→论文/资料申报。论文作者根据要求填报相关信息,并将拟发表的论文挂在附件内,提交本(部门)处室领导审查。

14.2.2 作者所在处室负责人初审

作者所在单位处室领导对科技论文进行初步审查,其要素包括但不限于:论文是否涉及公司专有技术、商业秘密;论文是否具有技术价值,适合对外发表。

14.2.3 公司办公室保密审查

公司办公室(保密办)进行保密审查,并签署意见,其要素包括但不限于:论文是否涉及国家秘密或商业秘密及内部敏感信息。

14.2.4 科技创新处初/终审

科技创新处对知识产权保护进行审查,并签署意见,其要素包括但不限于:论文涉及信息是否需要申请专利保护。

14.2.5 论文投稿与反馈

完成外部刊物科技论文审查流程的论文由作者对外投稿发表,科技创新处选择优秀论文推荐至公司内部刊物发表。论文作者将论文对外发表或录用信息在一个月内反馈给科技创新处做备案登记。

14.3 科技论文投稿要求

科技论文包括科技管理论文和技术论文。投稿论文必须满足论文编写的基本格式与内容,遵循所投刊物或交流会议的具体要求。论文必要的组成部分包括:

14.3.1 题名

论文题名用字不宜超过20个汉字,外文题名不超过10个实词。使用简短题名而语意未尽时,可借助副标题名以补充论文的下层次内容。

14.3.2 作者

作者的姓名应给出真实姓名的全名。合写论文的诸作者应按论文工作贡献的多少顺序排列。同时还应给出作者完成研究工作的单位或作者所在的工作单位或通信地址,以便读者在需要时可与作者联系。

14.3.3 摘要

摘要是以提供论文内容梗概为目的,不加评论和补充解释,简明确切地记述论文重要内容的短文。中文摘要一般不宜超过200~300字;外文摘要不宜超过250个实词。如遇特殊需要字数可以略多。一般中文论文要求同时有中、英文摘要。

14.3.4 关键词

为了便于读者从大量文献中寻找论文文献,特别是为适应计算机自动检索的需要,一般为3~8个关键词,中文论文一般要求同时有中、英文关键词。

14.3.5 正文

正文是论文的主体,正文应包括论点、论据、论证过程和结论。

14.3.6 参考文献

应按照参考文献的先后顺序注明文献作者、题名和出处等。参考文献著录的条目以小于正文的字号编排在文末。

14.3.7 引言、结论、附录

论文还可以根据情况在正文前加入引言,正文后加入结论,可加入附录等,但不作为必要的组成部分。

公司内部刊物的论文投稿,按公司内部刊物有关规定和要求执行。

14.4 专利、著作权申请

14.4.1 定义

知识产权是指权利人对其智力劳动所创作的成果和经营活动中标记、信誉所依法享有的专有权利。知识产权一般包括著作权和工业产权。著作权主要指计算机软件著作权和作品登记;工业产权主要包括专利权和商标权:作品,发明、实用新型、外观设计,商标,地理标志,商业秘密,集成电路布图设计,植物新品种,法律规定的其他客体。

本程序中知识产权特指依照国家有关法律法规或者合同约定,属于秦山核电享有或与他人共同享有的的知识产权所属本单位员工完成的职务智力劳动成果,以及根据国家有关法律规定取得的或者合同约定享有的权利,主要包括专利权、商标权、商业秘密(含技术秘密)、著作权(含计算机软件、作品登记)、法律法规规定的其他知识产权。

专利是受法律保护的发明创造,指经国家专利主管机关依照专利法规定的审批程序审查合格后向专利申请人授予的在规定的时间内对该项发明享有的专有权。

14.4.2 类型

专利分为发明、实用新型和外观设计三种类型。

(1)发明,是指对产品、方法或者其改进所提出的新的技术方案。

(2)实用新型,是指对产品的形状、构造或者其结合所提出的适于实用的新的技术方案。

(3)外观设计,是指对产品的形状、图案或者其结合以及色彩与形状、图案的结合所做出的富有美感并适于工业应用的新设计。

著作权作品包括以下列形式创作的文学、艺术和自然科学、社会科学、工程技术等作品。

(1)文字作品。

(2)口述作品。

(3)音乐、戏剧、曲艺、舞蹈、杂技艺术作品。

(4)美术、建筑作品。

(5)摄影作品。

(6)电影作品和以类似摄制电影的方法创作的作品。

(7)设计图、产品设计图、地图、示意图等图形作品和模型作品。

(8)计算机软件。

(9)法律、行政法规规定的其他作品。

14.4.3 材料撰写

(略)

14.4.4 专利申请材料撰写

专利申请材料包括秦山核电专利(著作权登记)申请内部审批表和专利技术交底书。

秦山核电专利(著作权登记)申请内部审批表填写说明如下。

(1)内部审批表中,所有发明人必须要签字(列入名单中)。

(2)联合申请专利,必须将联合申请单位名称、发明人姓名填写清楚并进行排序,联合申请专利同时提供知识产权合同或协议等。

(3)专利申请前,可以利用微信小程序“专利大王”对其进行检索,以便确定是申请发明专利还是实用新型专利,两者的区别在于“新颖性”。

(4)统一项目中专利申请与论文发表有冲突,注意申请顺序(专利受理后便可进行论文发表)。

(5)技术交底书最后两页的“填写说明”(供填写参考),请删减后再打印,以节约纸张。

专利技术交底书填写说明如下。

1. 发明创造名称

发明创造名称应简明、准确地说明发明创造类型，即产品或方法名称。名称中不应含有非技术性词语，不得使用商标、型号、人名、地名或商品名称等。一般不得超过25个字。

2. 技术领域

简要说明发明创造的直接所属技术领域或直接应用技术领域。

3. 背景技术

背景技术，是指对发明创造的理解、检索、审查有用的现有技术。描述与本专利申请的技术方案相比最接近的国内外现有技术的具体内容，必要时结合附图加以说明。一般要以文献检索为依据，最好提供现有技术的文献复印件。

具体内容，可以参照下面具体实施方式中的一种或者一种以上类型分别描述：其结构组成、各部件之间的连接关系；方法步骤、工艺步骤、流程及其条件参数等，并简要说明其工作原理或动态作用。

4. 发明内容

发明内容包括目的、技术方案和有益效果。

(1)目的：指出上述现有技术的不足之处或者存在的问题，或者阐述本专利申请所要解决的技术问题。

(2)技术方案：描述克服发明目的中的现有技术不足或者解决发明目的中的技术问题所采用的技术手段。根据技术手段的重要程度，按重要在前、次要在后依次描述。

(3)有效效果：描述每一项技术手段在本发明中所起的作用以及产生的有益效果。填写时可以采用结构特点的分析和理论说明的方法，或者采用实验数据说明的方法，而不能只断言本发明具有什么优点或积极效果，也不得采用广告式宣传用语。采用实验数据说明时应给出必要的实验条件和方法。

5. 附图说明

附图应按照各类制图规范绘制，图形线条为黑色，图上不得着色。

每一附图中的部件要采用阿拉伯数字顺序进行统一标号，并列出标号所对应的部件名称。多幅附图时，各幅图中的同一部件应使用相同的标号。每一附图的下面，应写明图名。

6. 具体实施方式

结合附图对本专利申请的技术方案进行完整说明，既包括现有技术中未改进的部分(或者留用的部分)的技术内容，也包括改进的部分的技术内容。

如果技术方案涉及下列中的一种或一种以上，请按各类型要求提交相应材料。

(1)机械结构、物理结构、电路结构或层状结构等产品

需要结合其附图描述各部件名称-标号(如螺栓1、螺母2)之间的相互连接关系、作用关系或者工作关系，并说明该产品如何使用。

层状产品，需要给出不同层的材料和厚度，厚度要给出其适用的上下限范围，并分别给出上限、下限和上下限之间具有代表性数据或者中间值的具体实例。

(2)化合物产品

● 化合物结构确定的,需要提交该化合物的名称(学名)、结构式或分子式。

● 化合物结构不确定的,不能用化学名称、结构式表述此化合物的,需要提交发明的化合物的物化参数。

物化参数包括分子量,元素分析,熔点,核磁共振数据,比旋光度,UV(紫外线数据等),在溶剂中的溶解度,显色反映,碱性、酸性、中性的区别,物质的颜色等。

注:以上物化参数是常用的,如用新参数则一定要有说服力说明。

化合物结构不确定,也不能用上述参数表示,需要提交制备方法,可再加上物化参数。

(3)组合物产品

需要提交组合物的组分和用量,用量可以用份额表示或百分含量表示。

注:用百分含量表示的必须满足,组分中的任意一种的含量的上限加上其他所有的含量的下限小于100%;任意一种的含量的下限加上其他所有的含量的上限大于100%。

(4)方法(包括计算机程序、软件)或者工艺

如控制方法、测试(检测、测量)方法、处理方法、生产(制备、制造)工艺等需要提交流程图,按照流程的时间顺序,以自然语言对各步骤进行描述,并提供各步骤中的技术条件参数的上下限范围,并给出上限、下限和上下限之间具有代表性数据或者中间值的具体实例。

注:凡是为了解决技术问题,利用技术手段,并可以获得技术效果的涉及计算机程序的发明专利申请书可给予专利权保护。具体包括用于工业过程控制、用于测量或测试过程控制的、用于外部数据处理的,以及涉及计算机内部运行性能改善的涉及计算机程序。

(5)用途发明

提交该产品的用途是什么?如何使用?

14.5 著作权登记申请材料撰写

14.5.1 计算机软件著作权登记申请

1. 申请资料

(1)秦山核电专利(著作权登记)内部审批表,需要科室负责人和部门负责人签字,其中"软著(作品登记)项目组成员"必须填写准确、完整(作为以后的业绩证明),填写好先将电子版材料发给知识产权工程师,待审核没问题打印出来签字(打印内部审批表、软著登记申请表即可,其他材料不需打印),交到科技管理处进行审核。

(2)软著申请文件包括源代码、×××软件登记申请表、×××用户使用手册(操作说明书)三个文件。

2. 申请资料填写注意事项

(1)标红的必填,由申请人填写。

(2)申请人必须填写清楚(特别是联合开发单位)。

(3)联系人为科技管理处知识产权工程师。

申请文件的格式要求如下。

(1)所提交的纸介质申请文件和证明文件需复制在A4纸上。

(2)提交的各类表格应当使用中国版权保护中心制定的统一表格(可以是原表格的复制件),填写内容应当使用钢笔或签字笔填写或者打印,字迹应当整齐清楚,不得涂改。

(3)申请表格内容应当使用中文填写,并由申请者盖章(签名)。

(4)提交的各种证件和证明文件是外文的,应当附送中文译本。

(5)所提交的申请文件应当为一份。

3. 申请资料各类申请的文件交存要求

(1)按照要求填写的计算机软件著作权申请表。

(2)申请者身份证明(复印件)。

• 法人或其他组织身份证明——企业法人:营业执照副本;事业法人:事业法人证书;其他组织:当地民政机关或主管部门批文。

台湾地区法人应提供营业执照公证书(由当地法院或相关机构开具);香港和澳门特别行政区法人应提供营业执照复印件及公证认证书;外国公司应提供营业执照复印件及公证认证书(经中华人民共和国驻所在国大使馆认证)。

• 自然人身份证明——中国公民居民身份证复印件或其他证明复印件;外国个人需提交护照复印件或个人身份证明认证件(经中华人民共和国驻所在国大使馆认证)。

(3)鉴别材料。

• 源程序按前、后各连续30页,共60页。源程序每页不少于50行(结束页除外),右上角标注页号1~60。

• 文档(如用户手册、设计说明书、使用说明书等任选一种)按前、后各连续30页,共60页。每页不少于30行(结束页除外),右上角标注页号1~60。

(4)申请软件著作权登记,可以选择以下方式之一对鉴别材料做例外交存。

• 源程序前、后各连续的30页,其中的机密部分用黑色宽斜线覆盖,但覆盖部分不得超过交存源程序的50%。

• 源程序连续的前10页,加上源程序的任何部分的连续的50页。

• 目标程序前、后各连续的30页和源程序的任何部分连续的20页。文档做例外交存的,参照前款规定处理。

(5)申请人可申请将源程序、文档或者样品进行封存,除申请人或者司法机关外,任何人不得启封。

注:已办理软件著作权登记的,其著作权发生继承、受让、承受时,当事人应当出具软件著作权登记证书(复印件),无须提交鉴别材料。

(6)其他软件权属证明文件。

• 软件权属证明委托开发——合作开发:合同书或协议书;软件委托开发协议或合同

书;下达任务开发:下达任务开发软件任务书;利用他人软件开发的软件许可证明。

• 继承、受让、承受软件著作权的申请人,提交以下证明文件。

(a)“继承”专指原著作权人(自然人)发生死亡,而由合法的继承人(自然人)依法继承软件著作权的情况。继承人申请软件著作权登记时,提交合法的继承证明(经公证的遗嘱或者法院的判决等)。

(b)“受让”指通过自然人之间、自然人与法人或者其他组织之间、法人之间、法人或者其他组织之间转让后,取得软件著作权的情况。受让人申请软件著作权登记的,提交依法签订的著作权转让合同或者相关证明。

(c)“承受”指法人或其他组织发生变更(如改制)、终止(如合并),而由其他法人或者其他组织享有软件著作权的情况。法人或者其他组织以权利承受人申请登记的,需提交著作权承受证明。

(d)著作权承受证明——法人或者其他组织的工商变更证明;国有法人或者其他组织的上级主管机构的行政批复。

(7)版本说明。

申请登记软件 V1.0 以上的高版本或以其他符号作为版本号进行原创软件登记时,应提交版本说明。

(8)若由代理人代理,需要提供如下资料。

• 填写软件登记申请表中的相关信息。

• 法人或其他组织身份证明,如事业单位,需提供事业单位法人证书(副本),加盖公章。

• 软件说明书,最好有软件使用界面截图,注意:软件界面上出现的名称与软件登记填写的相关信息保持一致。

• 软件代码,尽量多提供,方便代理人修改,排版。

14.5.2 作品登记申请

申请材料包括如下内容。

(1)《作品著作权登记申请表》。

(2)申请人身份证明文件复印件。

(3)权利归属证明文件。

(4)作品的样本(可以提交纸介质或者电子介质作品样本)。

(5)作品说明书(请从创作目的、创作过程、作品独创性三方面写,并附申请人签章,标明签章日期)。

(6)委托他人代为申请时,代理人应提交申请人的授权书(代理委托书)及代理人身份证明文件复印件。

14.6 专利、著作权登记申请流程

14.6.1 专利申请流程

(1)按照专利申请材料填写要求,完成《秦山核电专利、著作权登记申请》内部审批表和专利技术交底书填写。

(2)将填写好的申请材料可编辑版发送给知识产权工程师,进行初审;合格后告知发明人提交签字版纸质材料到科技管理处科技项目科。

(3)科技管理处审核通过后,告知发明人并将申请材料提交至专利代理机构。

(4)专利代理师对申报材料进行修改后(或无法受理),提交国家知识产权局。

(5)等待国家知识产权局代理人审核并最后决定是否授权;其中发明专利需要经过初审、实审、公开,实用新型专利只需经过初审便可决定是否授权。

专利申请流程如图 14-2 所示。

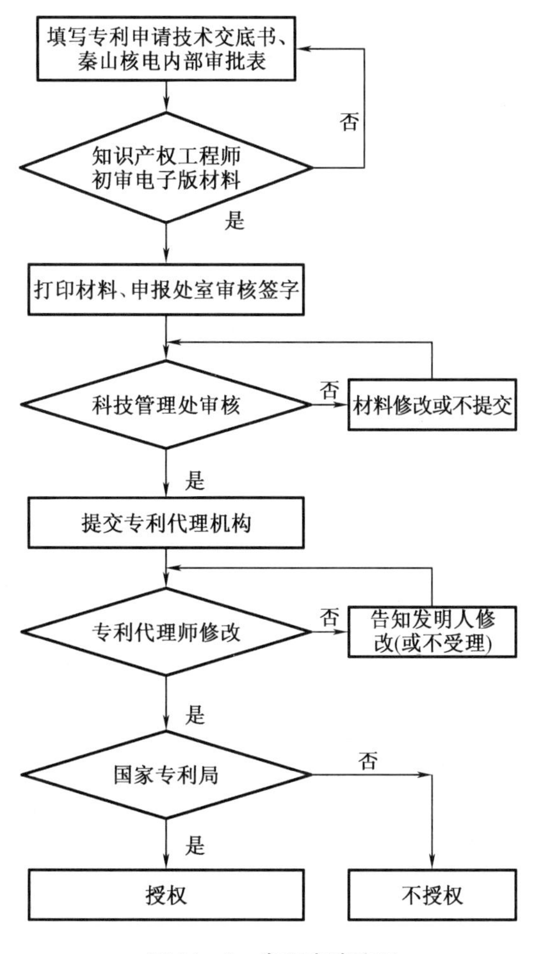

图 14-2 专利申请流程

附录：发明专利审核流程

发明专利审核流程如附图1至附图5所示。

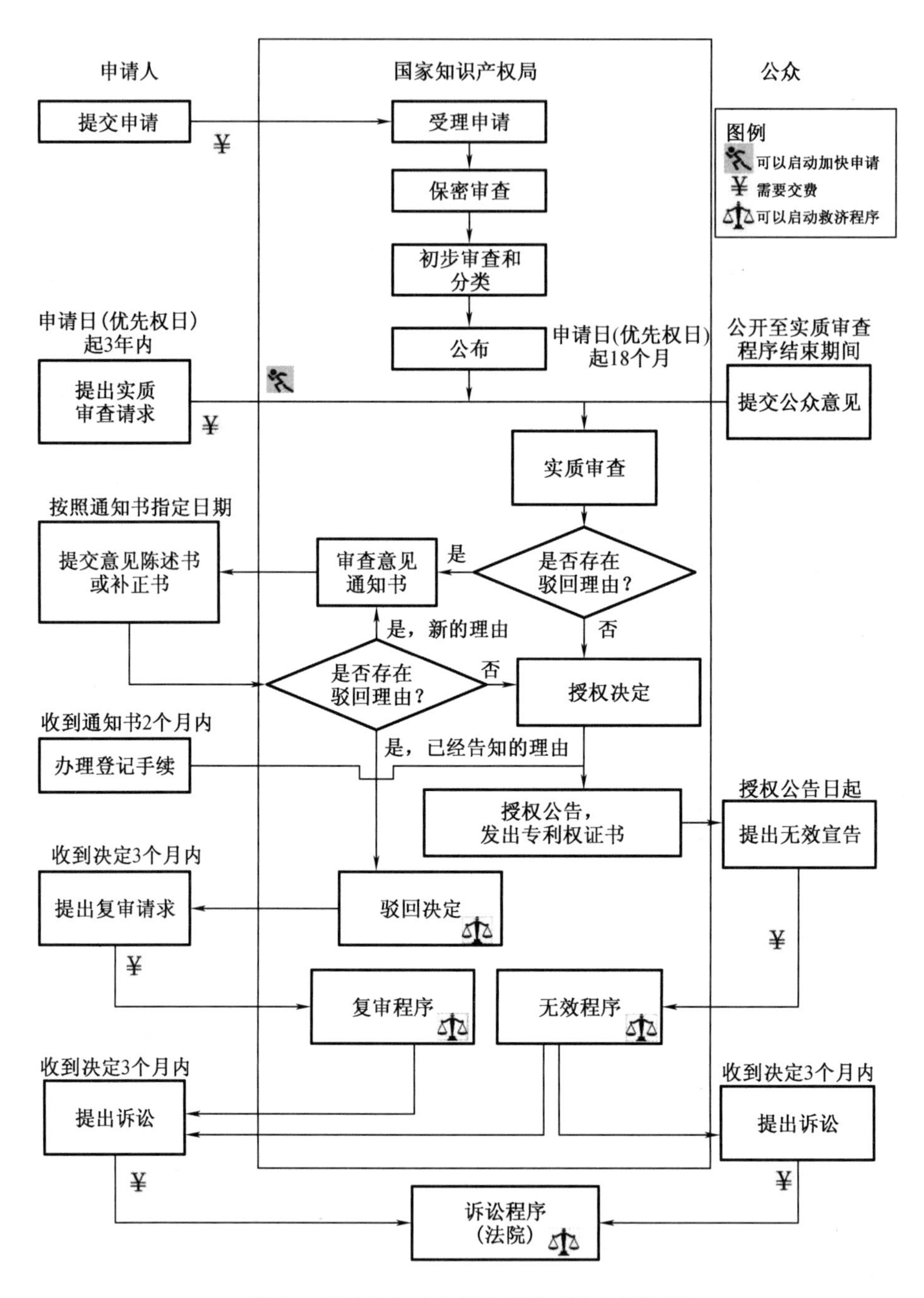

附图1　国家知识产权局发明专利生命周期图

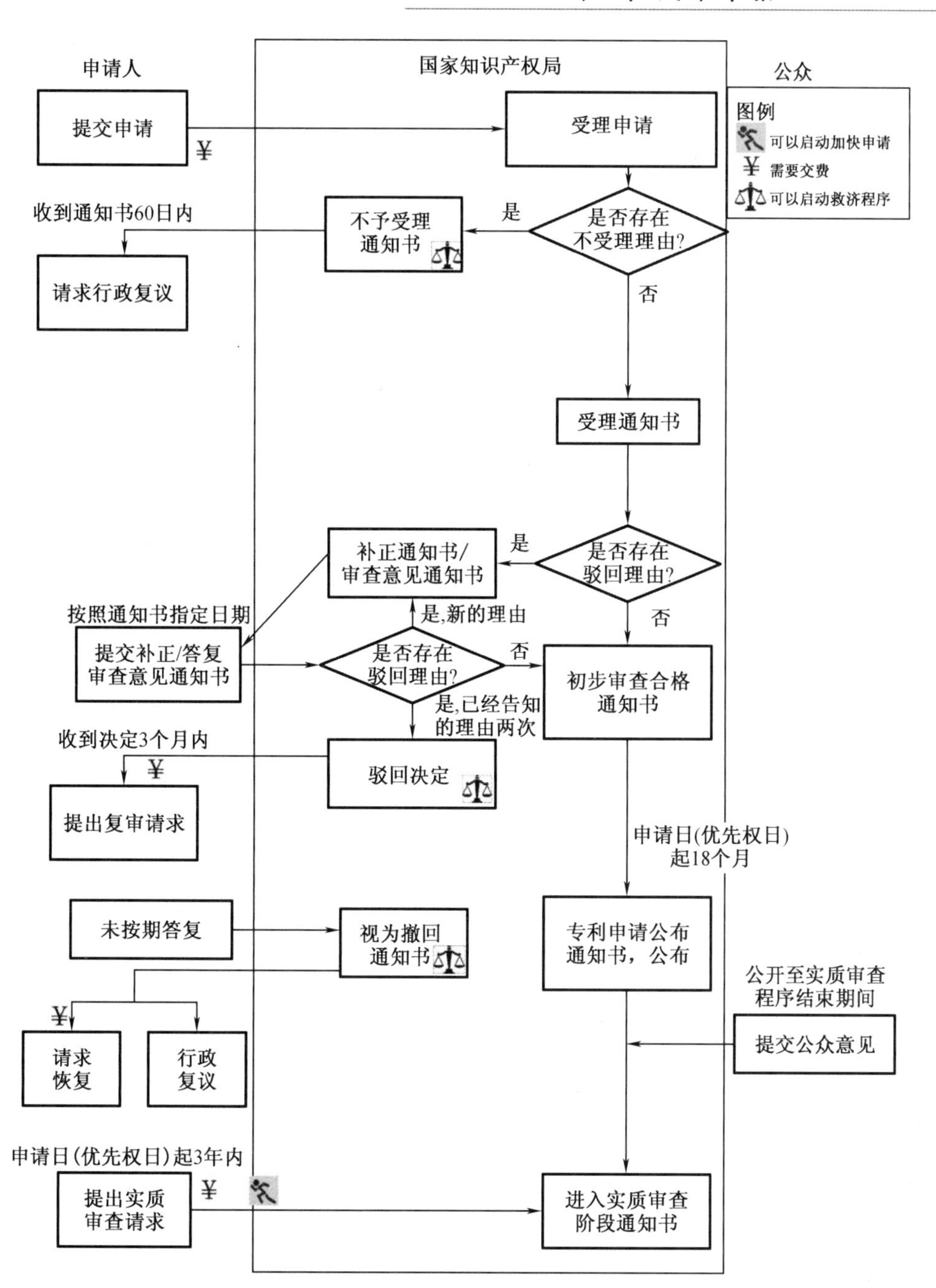

附图 2　国家知识产权局发明专利初步审查程序

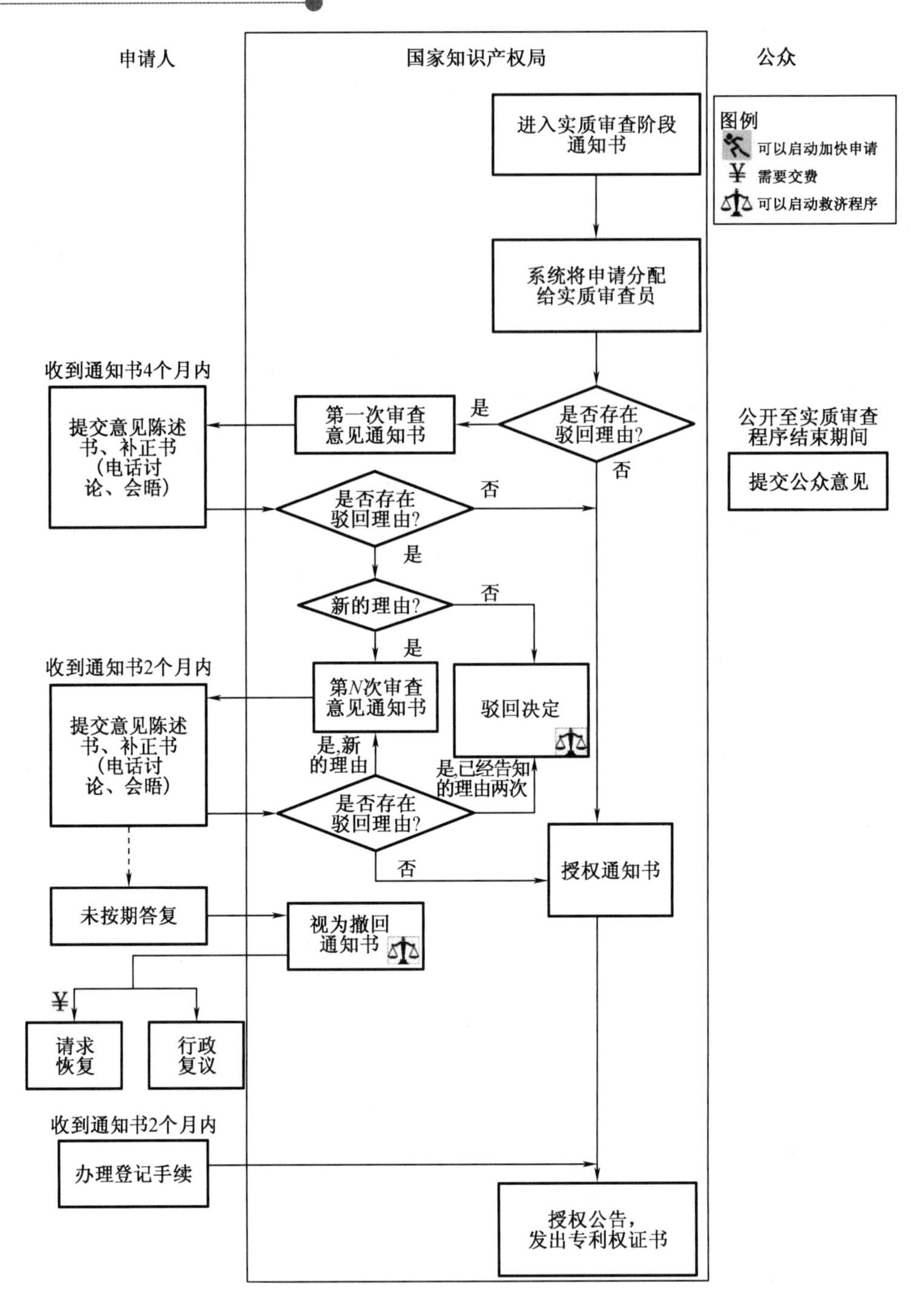

附图3　国家知识产权局发明专利实质审查程序

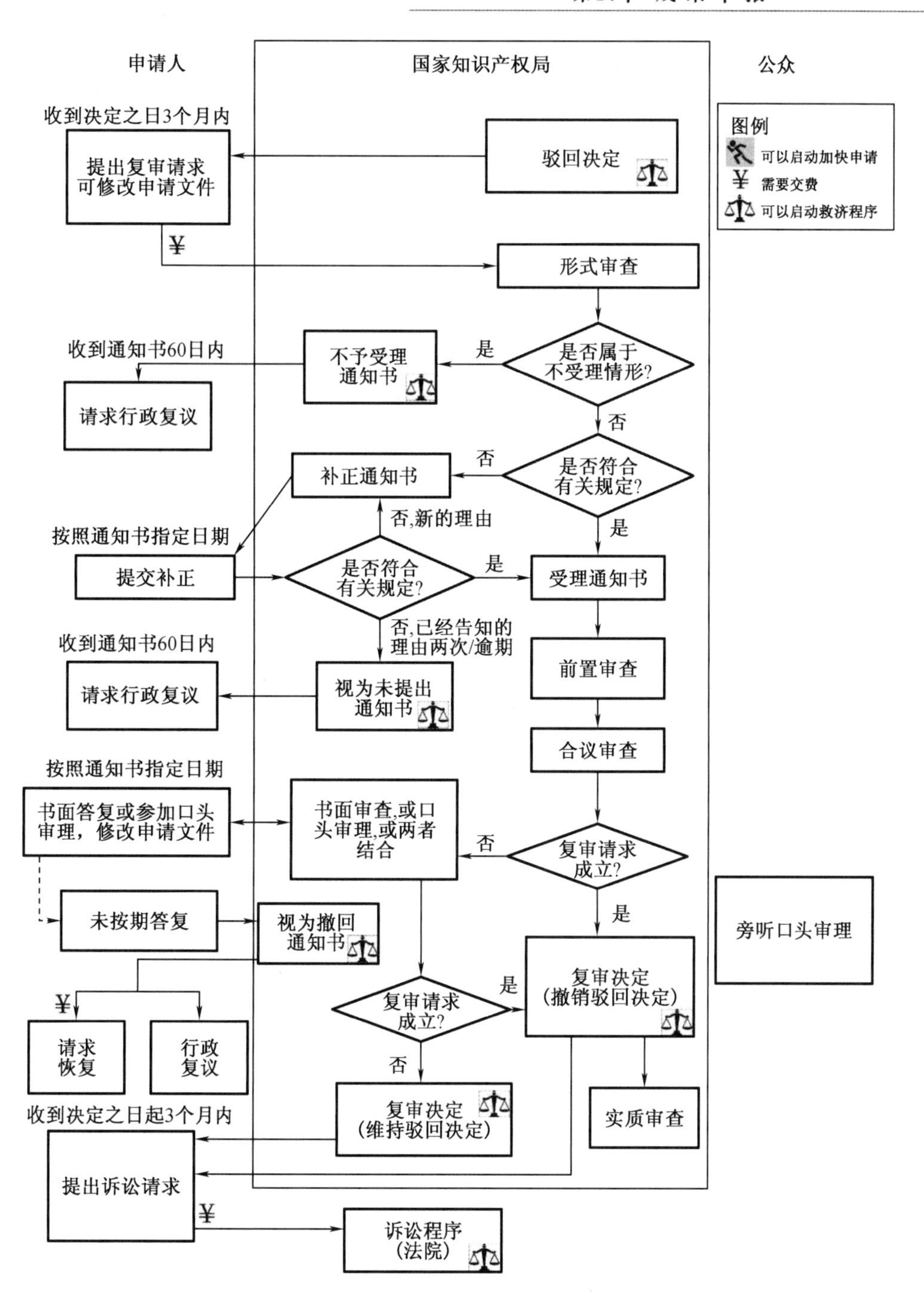

附图 4　国家知识产权局复审程序

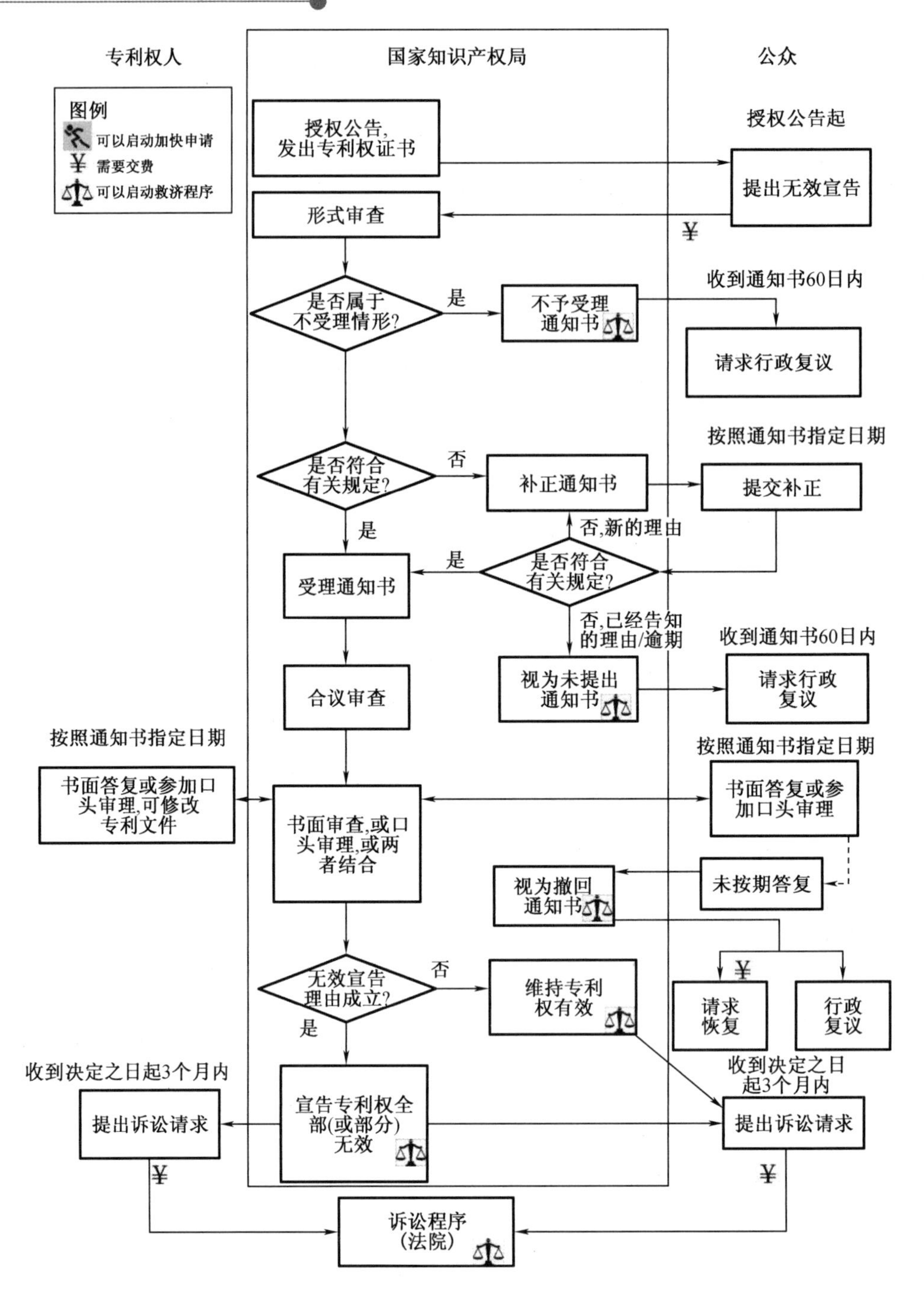

附图5　国家知识产权局无效程序

14.6.2　计算机软件著作权登记申请流程

（1）发明人根据申请材料及填写要求完成《秦山核电专利、著作权登记申请内部审批表》、《计算机软著申请登记表》、源代码、操作手册（说明）填写。

（2）将填写好的申请材料打包发送至知识产权管理人员。

(3)提交秦山核电内部审批表和软著申请登记表纸质签字材料到科技管理处。

(4)知识产权管理人员提交材料至专利代理机构。

(5)由专利代理机构和知识产权管理人员共同完成在国家版权保护中心网站上的著作权登记申请流程。

(6)计算机软著申请授权。

计算机软件著作权(软著)登记申请流程如图14-3所示。

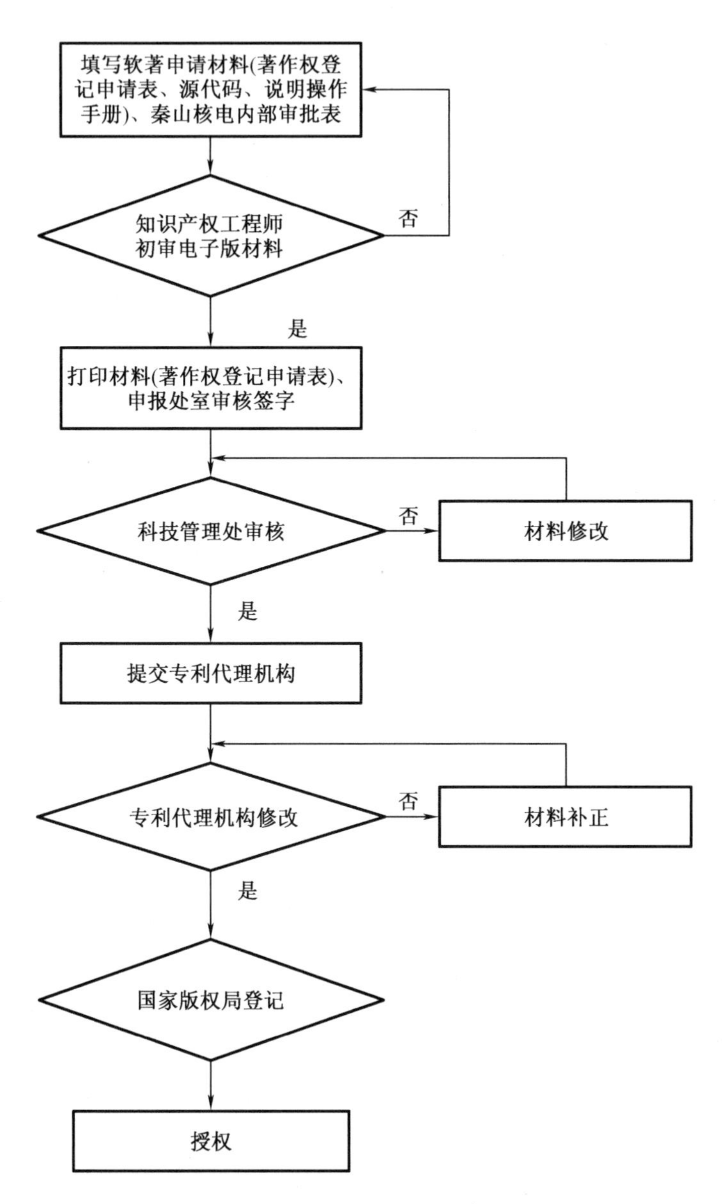

图14-3 计算机软件著作权(软著)登记申请流程

14.7 作品登记申请流程

(1)发明人根据作品登记申请材料模板,完成《秦山核电专利、著作权登记申请内部审批表》、《作品著作权登记申请表》、权利归属证明文件、作品的样本(可以提交纸介质或者电子介质作品样本)、作品说明书(请从创作目的、创作过程、作品独创性三方面写,并附申请人签章,标明签章日期)、委托他人代为申请时,代理人应提交申请人的授权书(代理委托书)及代理人身份证明文件复印件、申请人身份证明文件复印件等材料的填写。

(2)将电子版材料发送至知识产权管理人员同时提交纸质签字版材料至科技管理处,所有用印都由科技管理处办理。

(3)知识产权管理人员将电子版材料(盖好章的扫描版)提交专利代理机构。

(4)等待国家版权局授权。

作品登记申请流程如图 14 -4 所示。

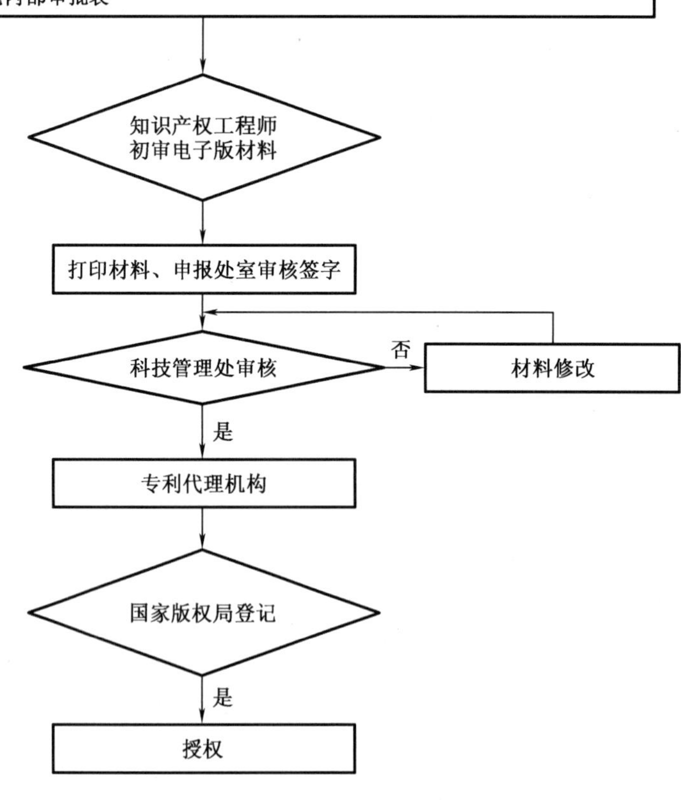

图 14 -4　作品登记申请流程

第15章 项目管理

15.1 简 介

项目管理作为一门专业已经得到广泛认可,这表明知识、过程、技能、工具和技术的应用对项目的成功有显著、积极影响。《项目管理知识体系指南》(PMBOK)中,将项目定义为创造独特的产品、服务或成果而进行的临时性工作。每个项目都会创造独特的产品、服务或成果,并有明确的起点和终点。项目管理就是将知识、技能、工具与技术应用于项目活动,以满足项目的要求。项目具有生命周期,总体分为启动、规划、执行、监控、收尾等五大过程组,以及整合管理、范围管理、进度管理、成本管理、质量管理、资源管理、沟通管理、风险管理、采购管理、相关方管理等十大知识领域(图15-1)。

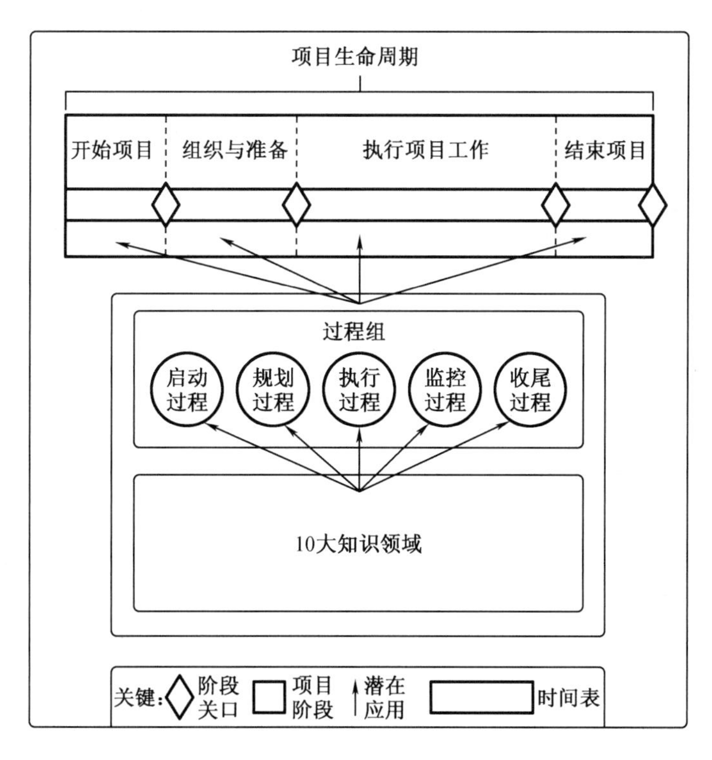

图15-1 关键组成部分在项目中的相互关系

在核电厂的生产活动中,很多技术活动(如技术改造、国产化科研、重大技术问题整治等)都具有项目的独特性、临时性等特性,普遍适用项目管理的工具和方法。结合技术改造项目管理实践，选取团队建设、沟通管理、风险管理等三个较为通用的项目管理知识领域应用进行介绍和说明。其他技术活动可以参照推广使用。

技术改造项目实行项目管理制，项目组成员主要由变更责任工程师、变更施工负责人、运行工程师等组成，原则上项目经理由变更责任工程师担任，也可以根据书面授权由更高级别的人员担任。总体分工上变更责任工程师负责项目技术方案，施工负责人负责组织项目实施。对于大型变更，如项目涉及机电仪、材料防腐、焊接、役检、土建、化学、采购等配合专业，由责任处室指定相应专业人员参加项目组。项目组成员代表本部门参与项目，负责处理并协调涉及本部门事宜。变更项目组负责变更设计、采购、施工、验收、配置文件修改、变更关闭等变更的全过程管理，负责项目安全、质量、进度、预算的控制。一般跨专业的大型变更必须成立项目组，推进项目进展。

15.2 团队建设

团队建设是提高工作能力、促进团队成员互动、改善团队整体氛围，以提高项目绩效的过程。本过程的主要作用是改进团队协作、增强人际关系技能、激励员工、减少摩擦以及提升整体项目绩效。本过程需要在整个项目期间开展。

对于变更项目，项目团队一般由变更申请人、变更责任工程师、配合专业的技术责任工程师、变更管理工程师、施工负责人、运行工程师、相关设备工程师、采购工程师等人组成。项目干系人（能影响项目决策、活动或结果的个人或组织）包括内部的设计审批人员、设计院的设计工程师、供货厂家的技术人员、安全重要修改的审评人员等人员组成。对于成立项目组的大型变更，项目组成员和分工在项目计划书中进行明确。

项目经理应能够定义、建立、维护、激励、领导和鼓舞项目团队，使团队高效运行，并实现项目目标。团队协作是项目成功的关键因素，而建设高效的项目团队是项目经理的主要职责之一。项目经理应创建一个能促进团队协作的环境，并通过给予挑战与机会、提供及时反馈与所需支持，以及认可与奖励优秀绩效，不断激励团队通过以下行为实现团队的高效运行。

（1）使用开放与有效的沟通。

（2）创造团队建设机遇。

（3）建立团队成员间的信任。

（4）以建设性方式管理冲突。

（5）鼓励合作型的问题解决方法。

（6）鼓励合作型的决策方法。

项目管理团队在整个项目生命周期中致力于发展和维护项目团队，并促进在相互信任的氛围中充分协作；通过建设项目团队，可以改进人际技巧、技术能力、团队环境及项目绩效。在整个项目生命周期中，团队成员之间都要保持明确、及时、有效（包括效果和效率两个方面）的沟通。建设项目团队的目标包括如下内容。

(1)提高团队成员的知识和技能,以提高他们完成项目可交付成果的能力,并降低成本、缩短工期和提高质量。

(2)提高团队成员之间的信任和认同感,以提高士气、减少冲突和增进团队协作。

(3)创建富有生气、凝聚力和协作性的团队文化,从而提高个人和团队生产率,振奋团队精神,促进团队合作;促进团队成员之间的交叉培训和辅导,以分享知识和经验。

(4)提高团队参与决策的能力,使他们承担起对解决方案的责任,从而提高团队的生产效率,获得更有效和高效的成果。

有一种关于团队发展的模型叫塔克曼阶梯理论,其中包括团队建设通常要经过的五个阶段,如下。

(1)形成阶段。在本阶段,团队成员相互认识,并了解项目情况及他们在项目中的正式角色与职责。在这一阶段,团队成员倾向于相互独立,不一定开诚布公。

(2)震荡阶段。在本阶段,团队开始从事项目工作、制定技术决策和讨论项目管理方法。如果团队成员不能用合作和开放的态度对待不同观点和意见,团队环境可能变得事与愿违。

(3)规范阶段。在规范阶段,团队成员开始协同工作,并调整各自的工作习惯和行为来支持团队,团队成员会学习相互信任。

(4)成熟阶段。进入这一阶段后,团队就像一个组织有序的单位那样工作,团队成员之间相互依靠,平稳高效地解决问题。

(5)解散阶段。在解散阶段,团队完成所有工作,团队成员离开项目。通常在项目可交付成果完成之后,释放人员,解散团队。

某个阶段持续时间的长短,取决于团队活力、团队规模和团队领导力。项目经理应该对团队活力有较好的理解,以便有效地带领团队经历所有阶段。

建设团队:输入、工具与技术和输出如图 15-2 所示。

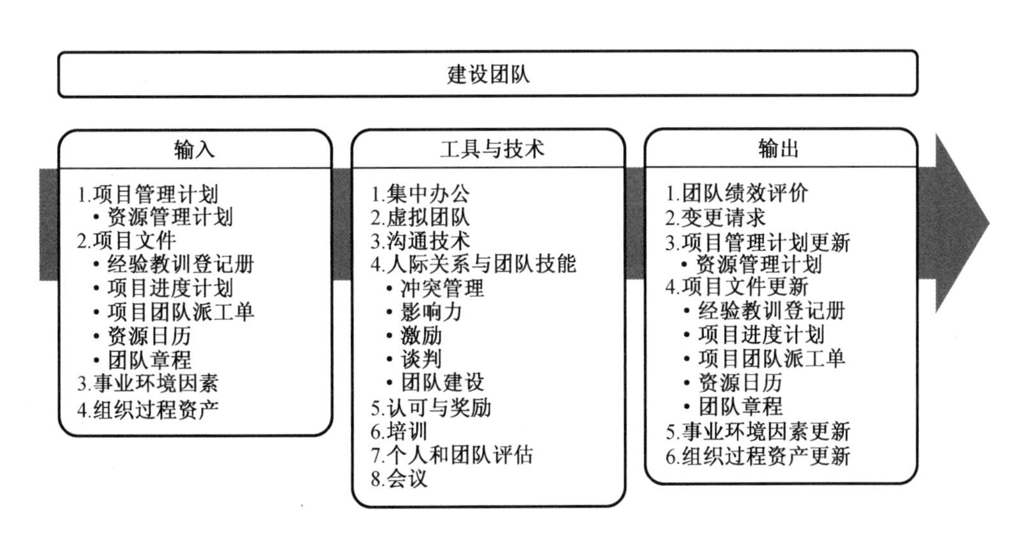

图 15-2 建设团队:输入、工具与技术和输出

15.3 沟通管理

沟通一致被认为是决定项目成败的重要原因之一。项目团队内部及项目经理、团队成员与外部干系人之间的有效沟通至关重要。开诚布公地沟通，是达到团队协作和有效绩效的有效途径。它可以改进项目团队成员之间的关系，建立相互信任。为实现有效沟通，项目经理应了解其他人的沟通风格、文化差异、关系、个性及整个情境等。倾听是沟通的一个重要部分。倾听技术（包括主动和被动）有助于洞察问题所在、谈判与冲突管理策略、决策方法和问题解决方法。

项目沟通管理包括为确保项目信息及时且恰当地规划、收集、生成、发布、存储、检索、管理、控制、监督和最终处置所需的各个过程。

项目经理的绝大多数时间都用于与团队成员和其他干系人的沟通。有效的沟通在项目干系人之间架起一座桥梁。这些干系人能影响项目的执行或结果。

项目经理的大多数时间用于与团队成员和其他项目相关方沟通，包括来自组织内部（组织的各个层级）和组织外部的人员。不同相关方可能有不同的文化和组织背景，以及不同的专业水平、观点和兴趣，而有效的沟通能够在他们之间架起一座桥梁。

成功的沟通包括两个部分。第一部分是根据项目及其相关方的需求而制定适当的沟通策略。从该策略出发，制定沟通管理计划，来确保用各种形式和手段把恰当的信息传递给相关方。这些信息构成成功沟通的第二部分。项目沟通是规划过程的产物，在沟通管理计划中有相关规定。

沟通管理计划定义了信息的收集、生成、发布、储存、检索、管理、追踪和处置。最终，沟通策略和沟通管理计划将成为监督沟通效果的依据。

在项目沟通中，需要尽力预防理解错误和沟通错误，并从规划过程所规定的各种方法、发送方、接收方和信息中做出谨慎选择。

在编制传统（非社交媒体）的书面或口头信息的时候，应用书面沟通的5C原则，可以减轻但无法消除理解错误。

（1）正确的语法和拼写。语法不当或拼写错误会分散注意力，还有可能扭曲信息含义，降低可信度。

（2）简洁的表述和无多余字。简洁且精心组织的信息能降低误解信息意图的可能性。

（3）清晰的目的和表述（适合读者的需要）。确保在信息中包含能满足受众需求与激发其兴趣的内容。

（4）连贯的思维逻辑。写作思路连贯，以及在整个书面文件中使用诸如“引言”和“小结”的小标题。

（5）受控的语句和想法承接。可能需要使用图表或小结来控制语句和想法的承接。

书面沟通的5C原则需要用下列沟通技巧来配合：

（1）积极倾听。与说话人保持互动，并总结对话内容，以确保有效的信息交换。

(2)理解文化和个人差异。提升团队对文化及个人差异的认知,以减少误解并提升沟通能力。

(3)识别、设定并管理相关方期望。与相关方磋商,减少相关方社区中的自相矛盾的期望。

(4)强化技能。强化所有团队成员开展以下活动的技能。

- 说服个人、团队或组织采取行动。
- 激励和鼓励人们,或帮助人们重塑自信。
- 指导人们改进绩效和取得期望结果。
- 通过磋商达成共识以及减轻审批或决策延误。
- 解决冲突,防止破坏性影响。

有效的沟通活动和工件创建具有如下基本属性。

- 沟通目的明确。
- 尽量了解沟通接收方,满足其需求及偏好。
- 监督并衡量沟通的效果。

15.4 规划沟通

规划沟通管理是基于每个相关方或相关方群体的信息需求、可用的组织资产,以及具体项目的需求,为项目沟通活动制定恰当的方法和计划的过程。本过程的主要作用是为及时向相关方提供相关信息,引导相关方有效参与项目,而编制书面沟通计划。本过程应根据需要在整个项目期间定期开展(图15-3)。

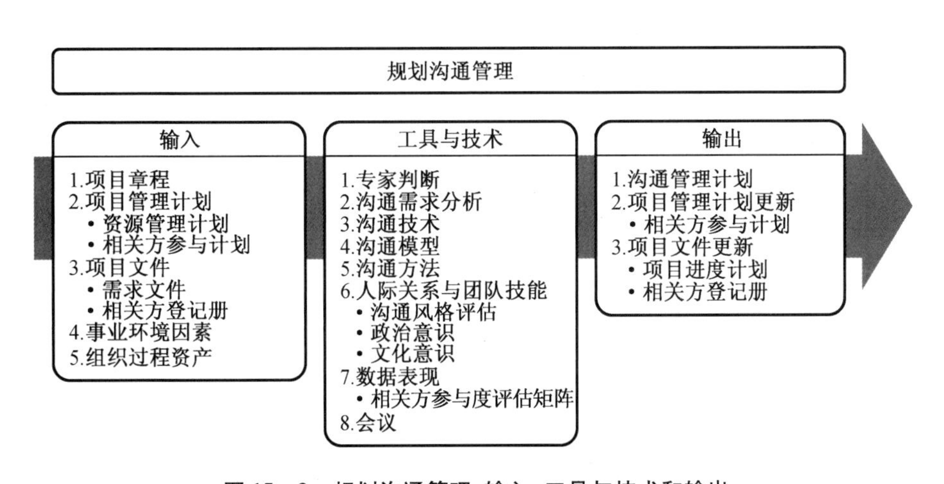

图15-3 规划沟通管理:输入、工具与技术和输出

15.5 管理沟通

管理沟通是确保项目信息及时且恰当地收集、生成、发布、存储、检索、管理、监督和最终处置的过程。本过程的主要作用是,促成项目团队与相关方之间的有效信息流动。本过程需要在整个项目期间开展。

管理沟通过程会涉及与开展有效沟通有关的所有方面,包括使用适当的技术、方法和技巧。此外,它还应允许沟通活动具有灵活性,允许对方法和技术进行调整,以满足相关方及项目不断变化的需求。

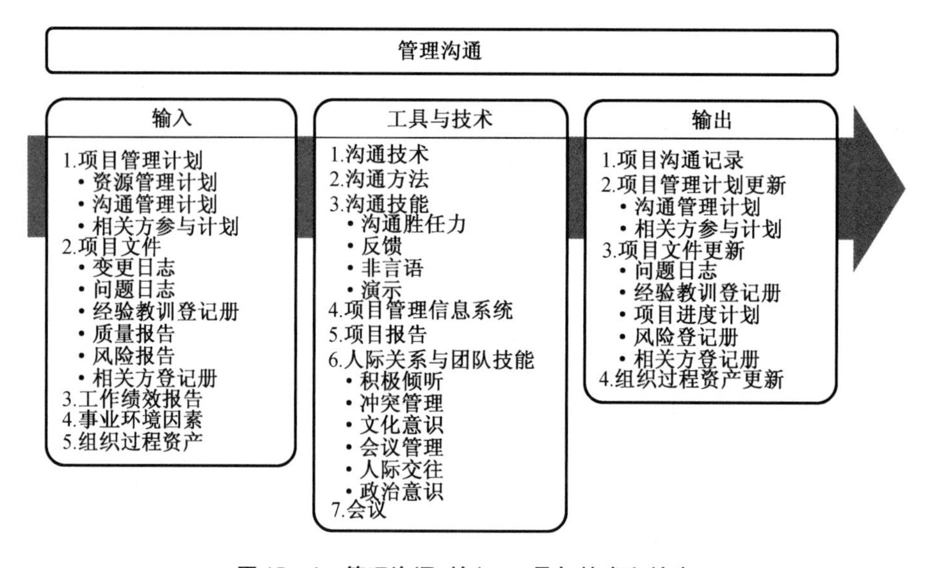

图 15-4　管理沟通:输入、工具与技术和输出

15.6 监督沟通

监督沟通是确保满足项目及其相关方的信息需求的过程。本过程的主要作用是,按沟通管理计划和相关方参与计划的要求优化信息传递流程。本过程需要在整个项目期间开展。

通过监督沟通过程,来确定规划的沟通工件和沟通活动是否如预期提高或保持了相关方对项目可交付成果与预计结果的支持力度。项目沟通的影响和结果应该接受认真的评估和监督,以确保在正确的时间,通过正确的渠道,将正确的内容(发送方和接收方对其理解一致)传递给正确的受众。监督沟通可能需要采取各种方法,例如开展客户满意度调查、整理经验教训、开展团队观察、审查问题日志中的数据,或评估相关方参与度评估矩阵中的变更(图 15 -5)。

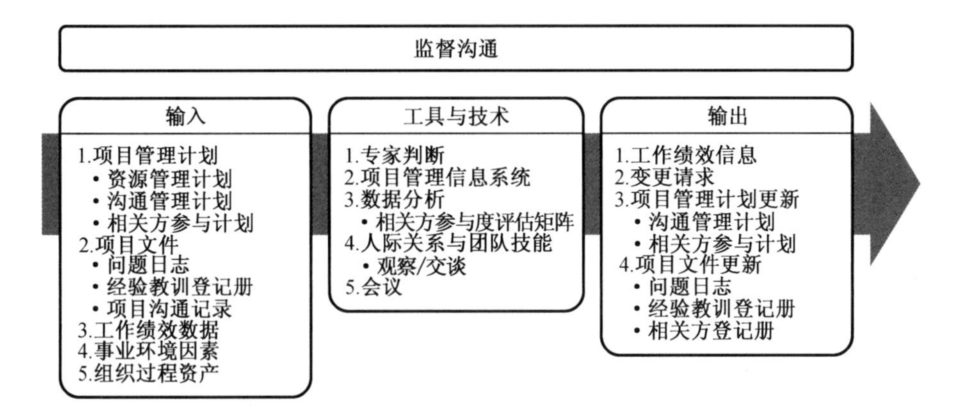

图 15 -5　监督沟通:输入、工具与技巧和输出

监督沟通过程可能触发规划沟通管理和(或)管理沟通过程的迭代,以便修改沟通计划并开展额外的沟通活动,来提升沟通的效果。这种迭代体现了项目沟通管理各过程的持续性质。问题、关键绩效指标、风险或冲突,都可能立即触发重新开展这些过程。

15.7　项目风险管理

既然项目是为交付收益而开展的、具有不同复杂程度的独特性工作,那自然就会充满风险。开展项目,不仅要面对各种制约因素和假设条件,而且还要应对可能相互冲突和不断变化的相关方期望。组织应该有目的地以可控方式去冒项目风险,以便平衡风险和回报,并创造价值。

项目风险管理旨在识别和管理未被其他项目管理过程所管理的风险。如果不妥善管理,这些风险有可能导致项目偏离计划,无法达成既定的项目目标。因此,项目风险管理的有效性直接关乎项目成功与否。

每个项目都在两个层面上存在风险。每个项目都有会影响项目达成目标的单个风险,以及由单个项目风险和不确定性的其他来源联合导致的整体项目风险。考虑整体项目风险,也非常重要。项目风险管理过程同时兼顾这两个层面的风险。它们的定义如下。

(1)单个项目风险是一旦发生,会对一个或多个项目目标产生正面或负面影响的不确定事件或条件。

(2)整体项目风险是不确定性对项目整体的影响,是相关方面临的项目结果正面和负面变异区间。它源于包括单个风险在内的所有不确定性。

项目风险管理概述如图 15 -6 所示。

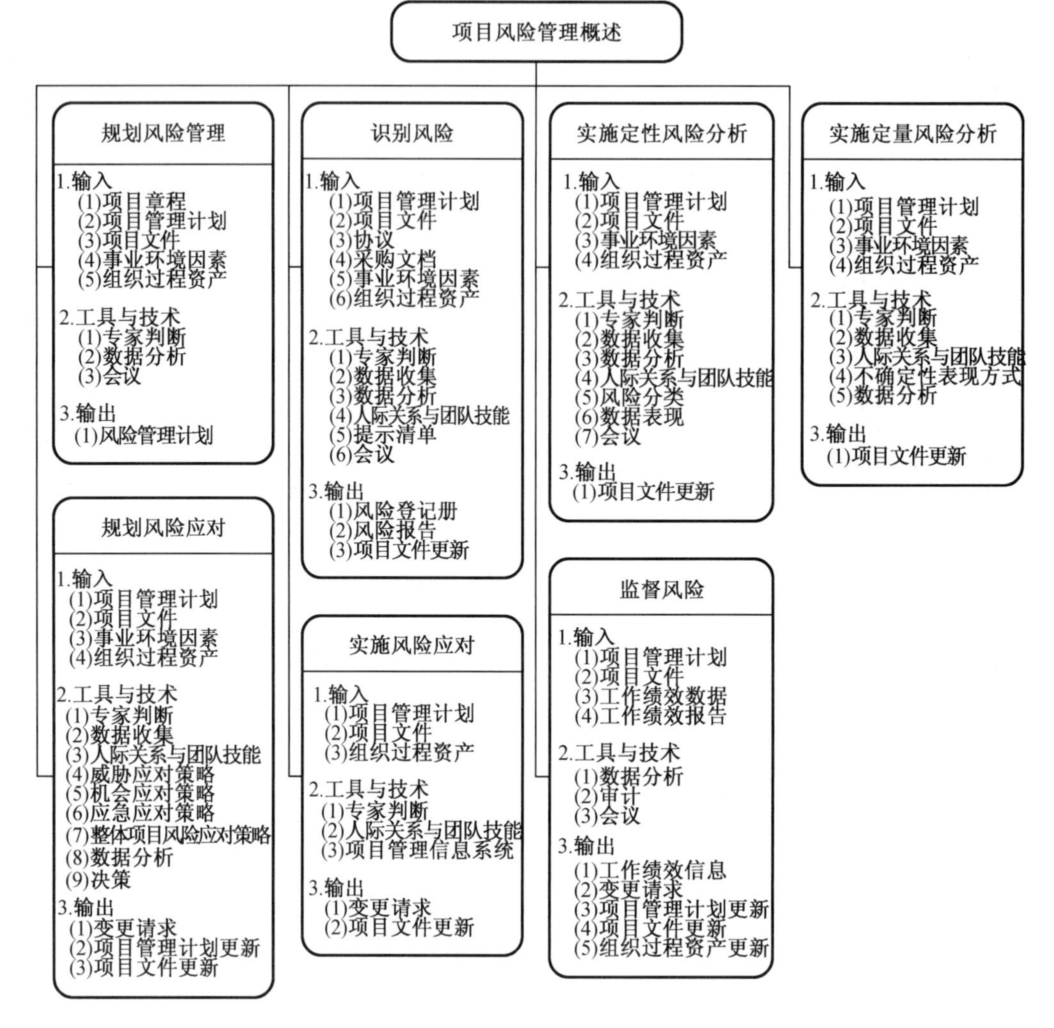

图 15-6　项目风险管理概述

一旦发生，单个项目风险会对项目目标产生正面或负面的影响。项目风险管理旨在利用或强化正面风险（机会），规避或减轻负面风险（威胁）。未妥善管理的威胁可能引发各种问题，如工期延误、成本超支、绩效不佳或声誉受损。把握好机会则能够获得众多好处，如工期缩短、成本节约、绩效改善或声誉提升。

整体项目风险也有正面或负面之分。管理整体项目风险旨在通过削弱负面变异的驱动因素，加强正面变异的驱动因素，以及最大化实现整体项目目标的概率，把项目风险敞口保持在可接受的范围内。

因为风险会在项目生命周期内持续发生，所以，项目风险管理过程也应不断迭代开展。在项目规划期间，就应该通过调整项目策略对风险做初步处理。接着，应该随着项目进展，监督和管理风险，确保项目处于正轨，并且突发性风险也得到处理。

为有效管理特定项目的风险，项目团队需要知道，相对于要追求的项目目标，可接受的风险敞口究竟是多大。这通常用可测量的风险临界值来定义。风险临界值反映了组织与项目相关方的风险偏好程度,是项目目标的可接受的变异程度。应该明确规定风险临界,并传达给项目团队,同时反映在项目的风险影响级别定义中。

风险分解结构(RBS)示例如图 15 –7 所示。

RBS 0级	RBS 1级	RBS 2级
0.项目风险所有来源	1.技术风险	1.1 范围定义
		1.2 需求定义
		1.3 估算、假设和制约因素
		1.4 技术过程
		1.5 技术
		1.6 技术联系
		等等
	2.管理风险	2.1 项目管理
		2.2 项目集/项目组合管理
		2.3 运营管理
		2.4 组织
		2.5 提供资源
		2.6 沟通
		等等
	3.商业风险	3.1 合同条款和条件
		3.2 内部采购
		3.3 供应商与卖方
		3.4 分包合同
		3.5 客户稳定性
		3.6 合伙企业与合资企业
		等等
	4.外部风险	4.1 法律
		4.2 汇率
		4.3 地点/设施
		4.4 环境/天气
		4.5 竞争
		4.6 监管
		等等

图 15 –7　风险分解结构(RBS)示例

15.8　识 别 风 险

识别风险是识别单个项目风险以及整体项目风险的来源,并记录风险特征的过程。本过程的主要作用是,记录现有的单个项目风险,以及整体项目风险的来源;同时,汇集相关信息,以便项目团队能够恰当应对已识别的风险。本过程需要在整个项目期间开展(图 15 –8)。

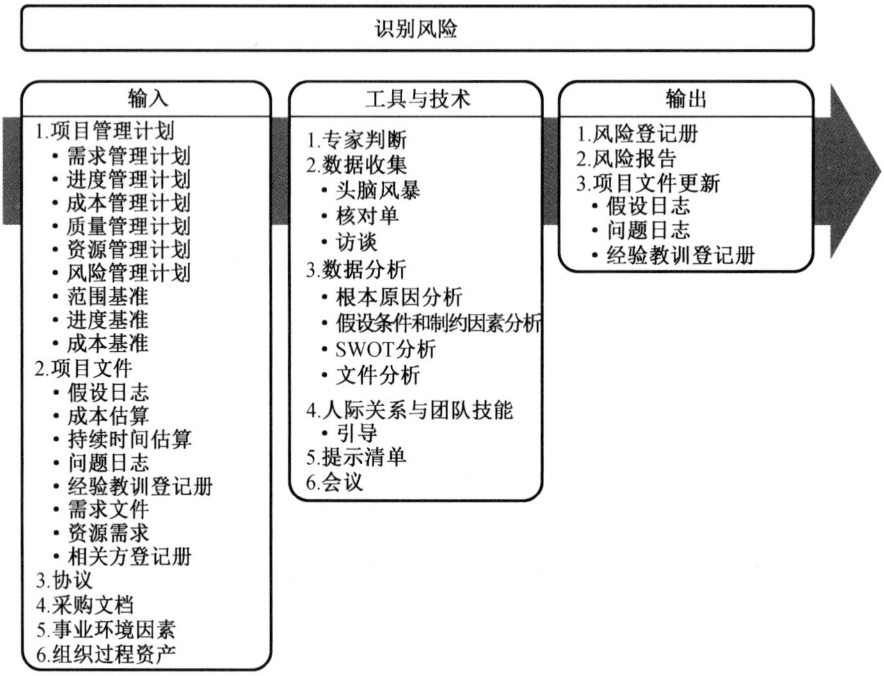

识别风险

输入	工具与技术	输出
1.项目管理计划 • 需求管理计划 • 进度管理计划 • 成本管理计划 • 质量管理计划 • 资源管理计划 • 风险管理计划 • 范围基准 • 进度基准 • 成本基准 2.项目文件 • 假设日志 • 成本估算 • 持续时间估算 • 问题日志 • 经验教训登记册 • 需求文件 • 资源需求 • 相关方登记册 3.协议 4.采购文档 5.事业环境因素 6.组织过程资产	1.专家判断 2.数据收集 • 头脑风暴 • 核对单 • 访谈 3.数据分析 • 根本原因分析 • 假设条件和制约因素分析 • SWOT分析 • 文件分析 4.人际关系与团队技能 • 引导 5.提示清单 6.会议	1.风险登记册 2.风险报告 3.项目文件更新 • 假设日志 • 问题日志 • 经验教训登记册

图 15－8　识别风险：输入、工具与技术和输出

15.9　实施定性风险分析

实施定性风险分析是通过评估单个项目风险发生的概率和影响以及其他特征，对风险进行优先级排序，从而为后续分析或行动提供基础的过程。本过程的主要作用是重点关注高优先级的风险。本过程需要在整个项目期间开展（图 15－9）。

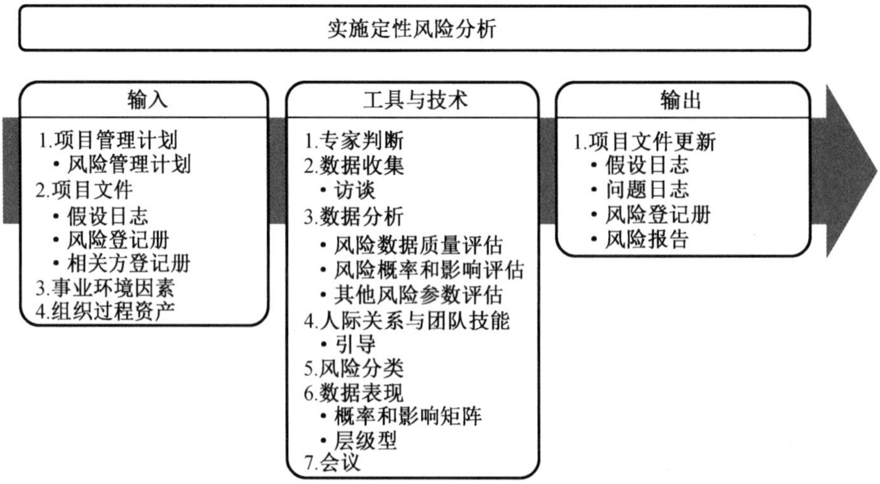

实施定性风险分析

输入	工具与技术	输出
1.项目管理计划 • 风险管理计划 2.项目文件 • 假设日志 • 风险登记册 • 相关方登记册 3.事业环境因素 4.组织过程资产	1.专家判断 2.数据收集 • 访谈 3.数据分析 • 风险数据质量评估 • 风险概率和影响评估 • 其他风险参数评估 4.人际关系与团队技能 • 引导 5.风险分类 6.数据表现 • 概率和影响矩阵 • 层级型 7.会议	1.项目文件更新 • 假设日志 • 问题日志 • 风险登记册 • 风险报告

图 15－9　实施定性风险分析：输入、工具与技术和输出

15.10 实施定量风险分析

实施定量风险分析是就已识别的单个项目风险和不确定性的其他来源对整体项目目标的影响进行定量分析的过程。本过程的主要作用是,量化整体项目风险敞口,并提供额外的定量风险信息,以支持风险应对规划。本过程并非每个项目必需,但如果采用,它会在整个项目期间持续开展(图 15－10)。

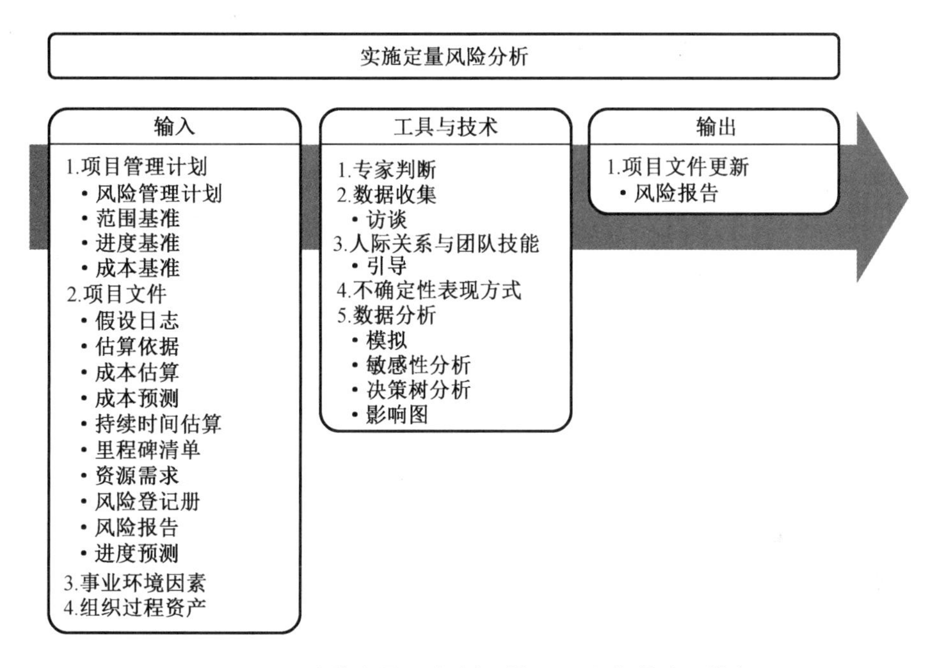

图 15－10　实施定量风险分析:输入、工具与技术和输出

并非所有项目都需要实施定量风险分析。能否开展稳健的分析取决于是否有关于单个项目风险和其他不确定性来源的高质量数据,以及与范围、进度和成本相关的扎实项目基准。定量风险分析通常需要运用专门的风险分析软件,以及编制和解释风险模式的专业知识,还需要额外的时间和成本投入。项目风险管理计划会规定是否需要使用定量风险分析,定量分析最可能适用于大型或复杂的项目、具有战略重要性的项目、合同要求进行定量分析的项目,或主要相关方要求进行定量分析的项目。通过评估所有单个项目风险和其他不确定性来源对项目结果的综合影响,定量风险分析就成为评估整体项目风险的唯一可靠的方法。

在实施定量风险分析过程中,要使用被定性风险分析过程评估为对项目目标存在重大潜在影响的单个项目风险的信息。

实施定量风险分析过程的输出,则要用作规划风险应对过程的输入,特别是要据此为整体项目风险和关键单个项目风险推荐应对措施。定量风险分析也可以在规划风险应对过程之后开展,以分析已规划的应对措施对降低整体项目风险敞口的有效性。

15.11 经验反馈

项目管理典型经验反馈案例——团队建设:

中国疫情防控项目的成功经验之一,就是充分发挥基层主体作用,加强群众自治,通过人力动员和团队建设,组建专兼结合的工作队伍,牢牢守住社区基础防线。

项目管理典型经验反馈案例——沟通协调:

2021 年 1 月 30 日,因未执行有效沟通,导致某电厂大修工作人员受到非计划照射事件。

项目管理典型经验反馈案例——风险管控:

2020 年 8 月 18 日,某国内核电厂试验时在线错误导致乏燃料水池冷却不满足技术规范要求和励磁系统故障导致汽轮发电机跳机事件。经分析,事件的根本原因之一为大修运行重大高风险活动准备、管控不足。

第 16 章　数字化变更管理平台介绍

数字化变更管理平台主要包括永久变更模块和物项替代模块。

永久变更模块包括以下主要功能:永久变更申请、永久变更项目创建、永久变更文件审批、永久变更实施、永久变更文件修改、永久变更受影响设备信息修改、永久变更工单创建及引用、永久变更关闭等。

物项替代模块包括以下主要功能:数字化变更管理平台物项替代模块包括物项替代申请、物项替代项目创建、物项替代文件审批、物项替代实施、物项替代文件修改、物项替代受影响设备信息修改、物项替代工单创建及引用、物项替代关闭等。

16.1　永久变更模块简介

永久变更模块的具体操作详见永久变更管理用户操作手册和永久变更申请管理用户操作手册,下面介绍该模块的主要功能。

16.1.1　流程图功能

永久变更管理流程图是永久变更模块的核心功能,可以串联起变更的主流程,查看变更的推进状态,跳转其他各功能模块。变更管理流程图界面如图 16－1 所示。

16.1.2　文件清单功能

永久变更所涉及的文件可以实现在线编辑,统一定制模板。平台支持不同文件审批节点处理人修改正文、增加批注的功能。文件发布时自动生成 PDF 文件,自动生成归档模板,并支持下载。文件清单界面如图 16－2 所示。

16.1.3　受影响文件修改功能

平台实现运行文件修改通知单和技术文件修改通知单线上流程,具备:

(1)各类型受影响信息识别工作,通知指定责任人的功能;

(2)受影响生产文件识别线上审批功能;

(3)受影响设备信息识别线上审批功能。

受影响文件修改功能界面如图 16－3 所示。

16.1.4 受影响设备信息修改功能

受影响设备信息清单标签页展示受该变更影响的设备信息清单,包括受影响的设备的修改对象及修改方式,同时通过接口在 ERP 发起不同类型的设备信息修改任务单。受影响设备信息修改界面如图 16-4 所示。

16.1.5 变更工单创建及引用功能

变更工单页面展示该变更关联的所有工单和工单任务清单。可以通过创建工单,跳转至 EAM 页面做变更工单的创建,也可以引用已创建好的工单或者工单任务。变更工单创建及引用界面如图 16-5 所示。

16.1.6 关联变更申请功能

关联变更申请页面展示该变更项目关联的变更申请的清单,变更与变更申请是一对多的关系。关联变更申请界面如图 16-6 所示。

16.2 物项替代模块简介

物项替代模块的具体操作详见物项替代管理用户操作手册,下面介绍该模块的主要功能。

物项替代管理流程图是物项替代模块的核心功能,可以串联起物项替代的主流程,查看物项替代的推进状态,跳转其他各功能模块。物项替代管理流程图界面如图 16-7 所示。

其他文件清单功能、受影响文件修改功能、受影响设备信息修改功能、工单创建及引用功能等与永久变更模块一致。

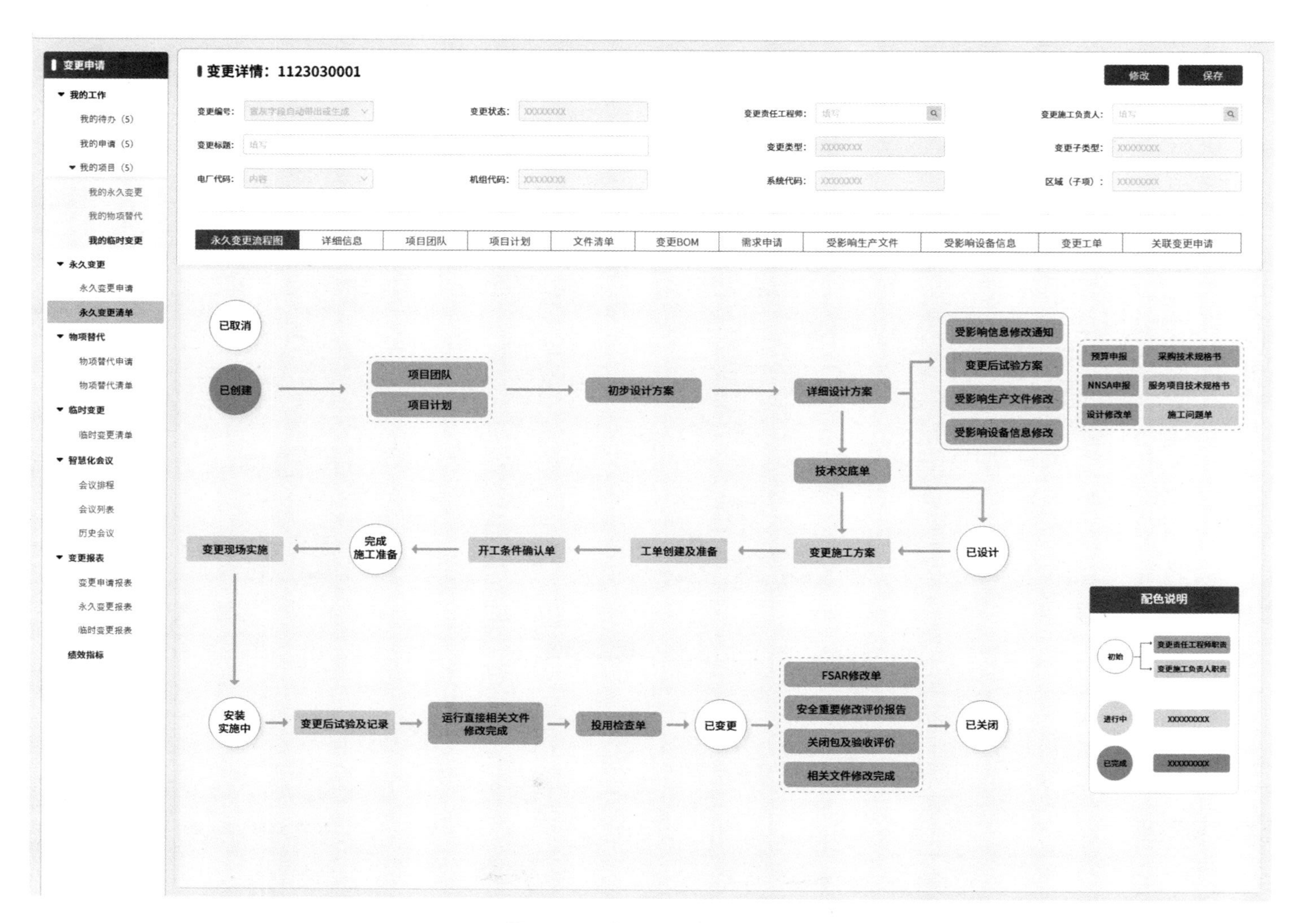

图16－1　变更管理流程图界面

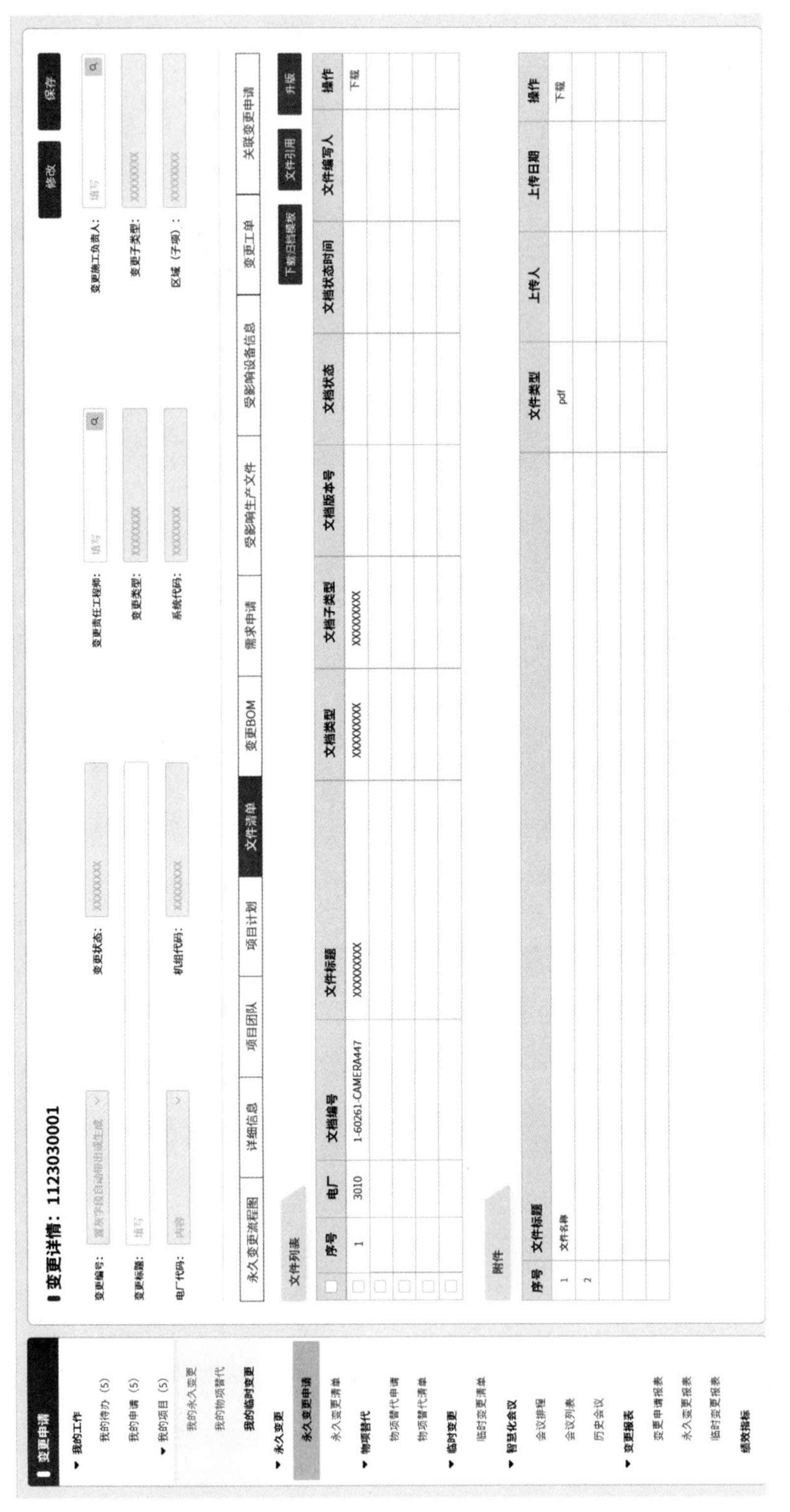
变更申请
我的工作
我的待办（5）
我的申请（5）
我的项目（5）
我的永久变更
我的物项替代
我的临时变更
永久变更
永久变更申请
永久变更清单
物项替代
物项替代申请
物项替代清单
临时变更
临时变更清单
智慧化会议
会议排程
会议列表
历史会议
变更报表
变更申请报表
永久变更报表
临时变更报表
绩效指标
变更详情：11230300001
修改
保存
变更编号：
变更状态：
变更责任工程师：
变更施工负责人：
变更标题：
变更类型：
变更子类型：
电厂代码：
机组代码：
系统代码：
区域（子项）：
永久变更流程图
详细信息
项目团队
项目计划
文件清单
变更BOM
需求申请
受影响生产文件
受影响设备信息
变更工单
关联变更申请
文件列表
下载归档模板
文件引用
升版
序号
电厂
文档编号
文件标题
文档类型
文档子类型
文档版本号
文档状态
文档状态时间
文件编写人
操作
3010
1-60261-CAMERA447
下载
附件
文件类型
上传人
上传日期
pdf

图 16－2　文件清单界面

图 16－3 受影响文件修改功能界面

图16－4　受影响设备信息修改界面

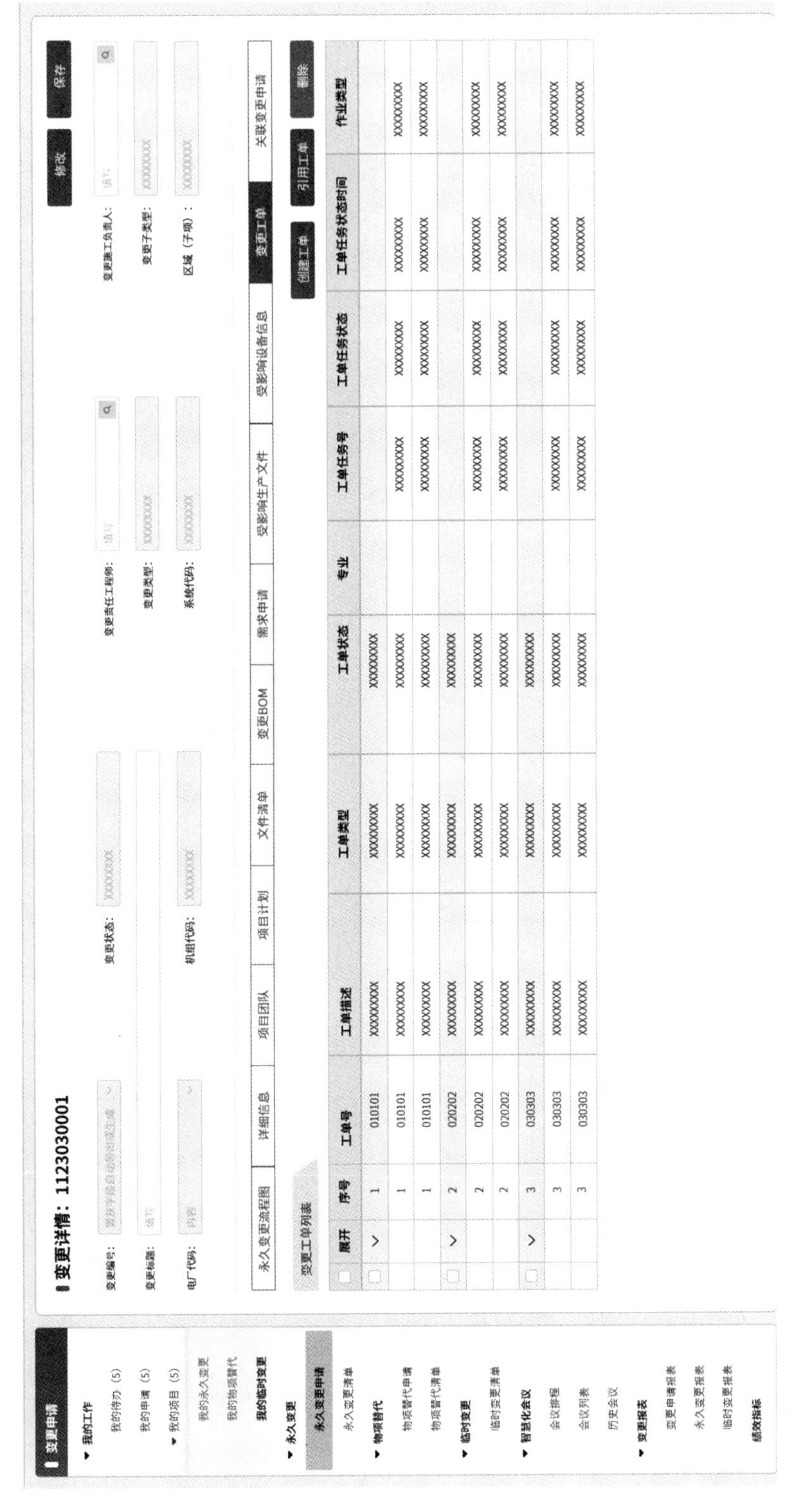

图 16－5　变更工单创建及引用界面

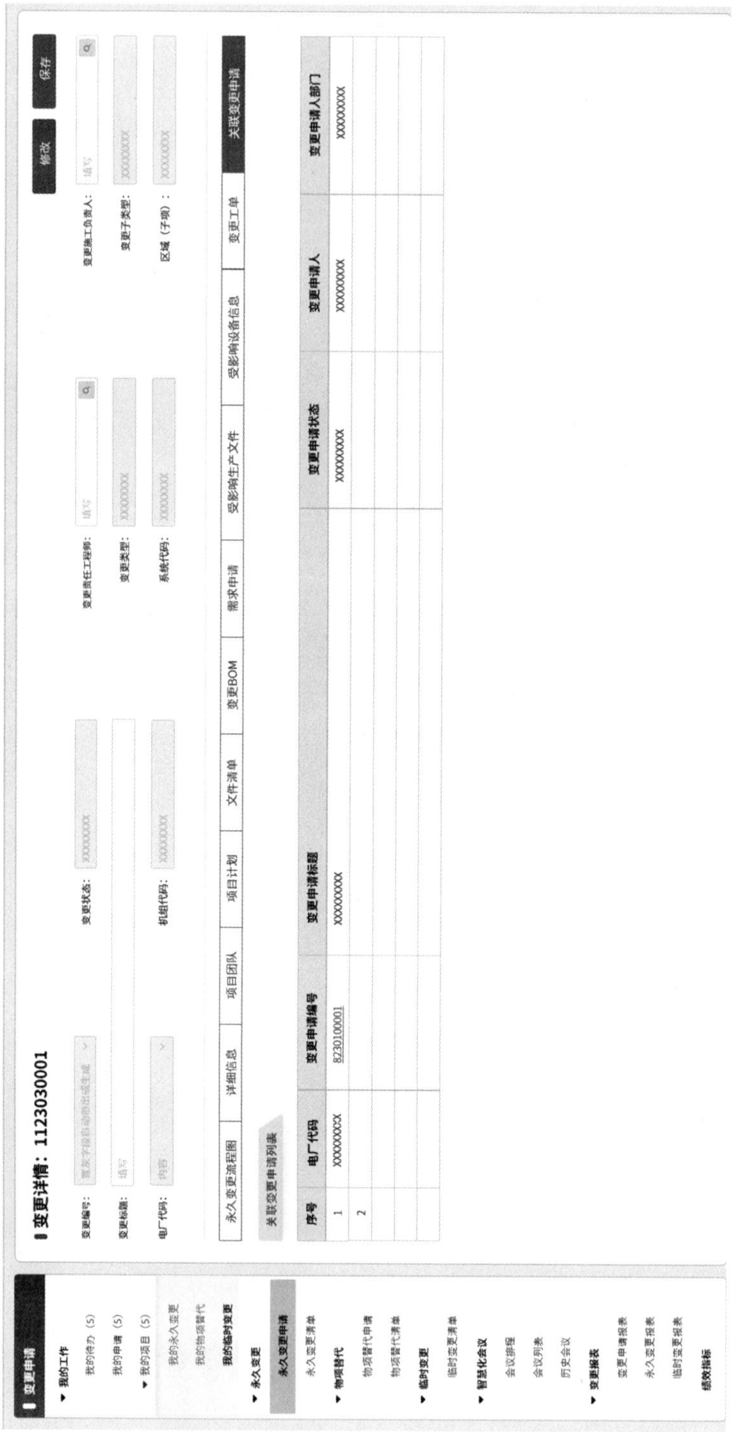

变更申请

▼ 我的工作
我的待办（5）
我的申请（5）
▼ 我的项目（5）
我的永久变更
我的物项替代
我的临时变更
▼ 永久变更
永久变更申请
永久变更清单
▼ 物项替代
物项替代申请
物项替代清单
▼ 临时变更
临时变更清单
▼ 智慧化会议
会议排程
会议列表
历史会议
▼ 变更报表
变更申请报表
永久变更报表
临时变更报表
绩效指标

变更详情：1123030001

修改　保存

变更编号：　变更状态：XXXXXXXX　变更责任工程师：填写　变更施工负责人：填写
变更标题：填写　变更类型：XXXXXXXX　变更子类型：XXXXXXXX
电厂代码：内容　机组代码：XXXXXXXX　系统代码：XXXXXXXX　区域（子项）：XXXXXXXX

永久变更流程图　详细信息　项目团队　项目计划　文件清单　变更BOM　需求申请　受影响生产文件　受影响设备信息　变更工单　关联变更申请

关联变更申请列表

序号	电厂代码	变更申请编号	变更申请标题	变更申请状态	变更申请人	变更申请人部门
1	XXXXXXXXX	8230100001	XXXXXXXXX	XXXXXXXXX	XXXXXXXXX	XXXXXXXXX
2						

图 16－6　关联变更申请界面

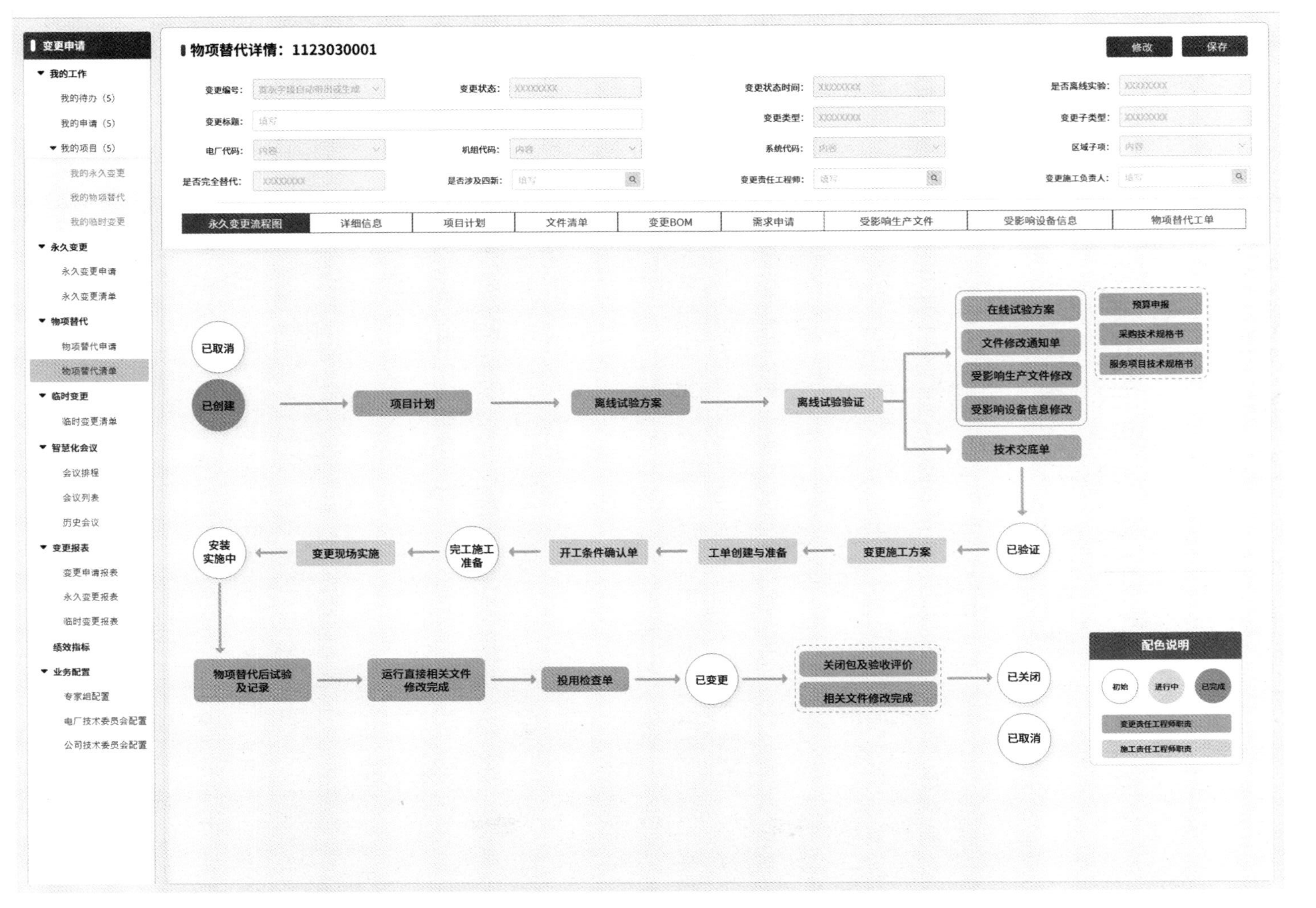

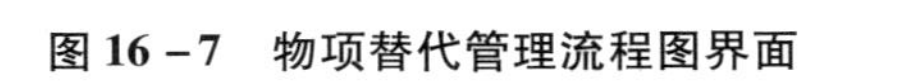
图 16－7　物项替代管理流程图界面

第17章 经验反馈

17.1 物项替代前未进行充分论证导致机组出现重大风险

事件概述：2013年1月21日，法国 Belleville 核电厂2号机组乏燃料池B列冷却泵2 PTR 022 PO 故障，而A列冷却泵2 PTR 021 PO 从2013年1月10日开始就处于维修状态(替代新电机后出现高振动导致泵不可用)。两台泵均不可用导致乏燃料池第一次丧失冷却约6 h，按技术规格书要求，8 h内两台泵中的一台必须恢复，电厂不得不重新投运A列泵，但投运后A泵仍因振动上涨太高导致停运。维修人员重新安装A列泵的旧电机，但投运后发生电气故障导致不可用。电厂紧急从厂外购得备用电机并安装投运，在此期间，乏池再次丧失冷却持续14 h 45 min，水池最高温度上升到29.8 ℃。

该事件被法国核安全局定级为INES1。事件起因是原电机耐热性能不满足要求，但替代的新电机联轴器型号与老电机不同，替代实施后造成泵组振动高不可用。

经验反馈如下。

(1)加强变更风险控制，电厂在进行物项替代活动时，应严格遵守《物项替代管理》(CM - QS - 2018)，将替代活动可能存在的风险在替代实施前加以识别和规避。

(2)电厂在进行物项替代时应优先采用原厂参数相同的配件，若采用新型产品需要进行充分的技术论证，确保替代物项的各项性能均能满足原设计要求。物项替代实施前具备离线试验条件的应进行离线验证，离线试验应模拟现场全部工况，以验证各工况下物项的功能，实施后应进行在线试验验证。

(3)在核安全相关设备检修过程中应保守决策，严格控制检修时限。

管理规定：在《物项替代管理》(CM - QS - 2108)中明确了物项替代的等效论证原则，即替代物项必须与原物项进行充分的技术比对和论证，以证明两者的等效性。物项替代应符合系统的设计基准和要求，不得降低系统和设备原有的安全水平，不得改变系统和设备原有的设计功能，不得改变系统的逻辑关系和流程，不得导致系统和设备的运行参数发生变化。

17.2 变更新增物资信息不完整导致机组配置出现偏差

事件概述：某电厂在开展永久变更自我评估期间发现，永久变更项目“新增供氢管线累计流量计”的详细设计方案中，相关内容存在不一致的情况，该变更设计方案的流程图中显示变更增加了流量计、前后隔离阀、旁路阀等设备，但在变更所需物资清单中只有流量计一项，且在变更所需物资清单中的物资编码、型号、技术规格书编码等信息均未填写，变更影响的设备清单（AEL）中的系统名称、设备分级未填写，新增物资清单信息也不完整，违反了变更管理的一致性原则（图17－1）。

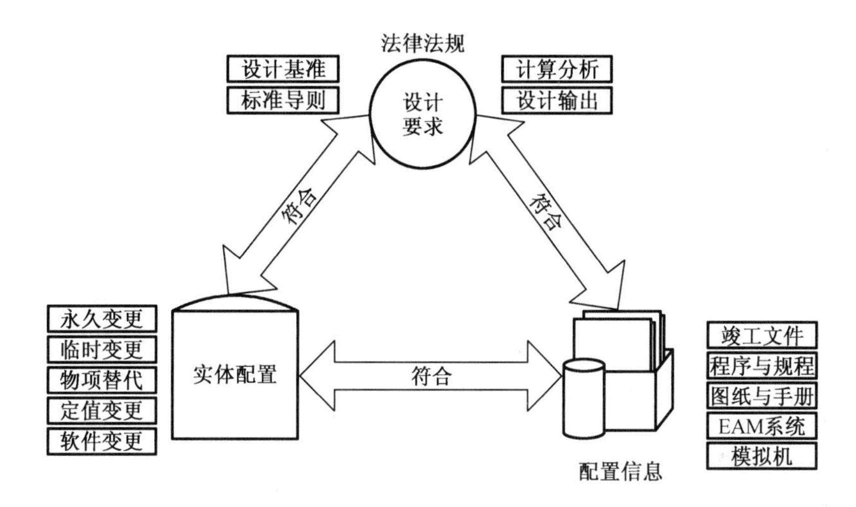

图17－1 变更管理的一致性

经验反馈如下。

（1）电厂设计基准、设计文件、生产技术文件、实体配置应保持一致。

（2）永久变更详细设计方案中应该明确变更所需物资清单中的物资编码、型号等详细信息，变更后应及时对图纸、程序、数据库进行修改生效，确保电厂设计基准、设计文件、生产技术文件、实体配置保持一致。

管理规定：在《永久变更详细设计管理》（CM－QS－2103）中明确，变更所需物资清单作为详细设计的一部分，要求给出项目所涉及的所有物资清单，包括设备编码、物资名称、物资编码、型号规格、材质、技术规格书编码、数量、单位、物项来源（库存或新采购）等。

17.3 变更流程中风险识别不到位导致机组停机

事件概述:2018 年 7 月 16 日,国内某核电厂直流油泵 1GGR004PO 自启动试验,在准备停运 1GGR004PO 时,1 号汽轮发电机组跳机,主控人员执行 I6 事故规程,稳定机组状态。一二回路各控制系统自动动作正常。1 号汽轮发电机组跳机,反应堆功率稳定在最终功率整定值。事件发生前,电厂工作人员进行了 1、2 号机组 DEH 系统升级改造,内容包括将 WDPF 系统及设备整体升级为 OVATION 系统及设备并适当进行优化改造,同时取消机械超速装置并增加一套独立的电超速系统(图 17 –2)。

图 17 –2　风险识别不到位

经验反馈:该事件暴露出变更流程中风险识别不到位,未对重大技术变化点进行专题审查,容易导致关键变化无法有误识别和有效防范,加强变更的风险审核对变更成功起关键作用。

管理规定:《永久变更管理》(CM – QS – 210)6.1 变更总体要求:永久变更实施前应充分分析永久变更的影响范围,将永久变更带来的负面影响和风险控制在可接受的范围内。

17.4 仓促执行临时变更导致变更失败

事件概述:某电厂 2 号机组 202 大修时进行了 GST 系统备用泵停送电逻辑临时变更。变更前,对 GST 系统的泵停送电操作时,会导致备用泵自动启动,故需在停送电操作前将备用泵置手动,导致短时间失去备用功能。为消除上述问题,202 大修改期间实施了该临时变更,但该临时变更没有编制试验规程进行变更后试验,也未记录,无法判断当时的临时变更实施结果是否满足要求。

经验反馈:该变更的详细设计存在疏忽,未完全修改相关的逻辑。该变更测试工况未覆盖全部可能的组合,导致未能发现存在的遗漏问题。临时变更无变更后试验的强制要求,该临时变更实施后未进行试验,变更结果无法验证。临时变更较永久变更的流程相对简单,但不能将其作为变更改造的捷径,对于较复杂且永久性的技术改造,应该走永久变更流程。

管理规定如下。

(1)《临时变更管理》(CM－QS－220)规定:如临时变更安装后需要执行变更后试验进行验证,则可参照永久变更编制变更后试验程序。

(2)《永久变更后试验管理》(CM－QS－2105)规定,永久变更后试验指变更现场施工完成后,为了验证系统、设备的安装(包括拆除)质量,以及变更后是否能满足变更预期功能要求而进行的各种有计划的技术状态检查、参数核对和性能证实活动。变更后试验可以是对鉴定对象进行操作来直接验证,也可以是根据技术要求对鉴定对象进行测量、检查、核对记录等。

17.5　变更相关文件未及时修改导致配置管理出现偏差

事件概述:某电厂“一号机组 CEX 系统凝结水泵逻辑修改变更”,变更实施关闭后发现仪控定值手册未随变更升版。由于变更的内容需在两个机组实施,2 号机先实施,1 号机后实施。1#机组的文件是在 2#机组的文件上修改的,修改不完全。经调查还存在如下问题:详细设计、投用检查单、变更文件修改通知单等文件中的机组号没有修改。需要修改的文件清单中,文件识别不全,导致需随变更修改的文件未升版。

经验反馈:文件编写,特别是在另外一台机组同样的变更文件基础上修改时,应保证修改完全。文件的审核、批准人员应仔细审查,以免忽视了检查正文中的机组号是否正确。在变更设计时应识别出所需要修改的文件,应让维修和运行人员参与进来,以避免出现遗漏。

管理规定:《永久变更管理》(CM－QS－210)规定,电厂设计基准、设计文件、实体配置及记录信息应保持一致,永久变更完成后应及时对图纸、程序、数据库进行修改生效,并通过培训使相关岗位人员掌握已改变的配置和操作要求。在项目投用检查完成、所有受影响的文件已修改完成后,才能进行项目的验收评价以及关闭确认。

参 考 文 献

[1] PROJECT M I. 项目管理知识体系指南(PMBOK 指南)[M]. 6 版. 北京:电子工业出版社,2018.